U0241173

新闻出版实用知识丛书

出版物印刷

“新闻出版实用知识丛书”编委会 / 主编

西南师范大学出版社
国家一级出版社 全国百佳图书出版单位

图书在版编目(CIP)数据

出版物印刷 / “新闻出版实用知识丛书”编委会主编. — 重庆 : 西南师范大学出版社，2017.10
(新闻出版实用知识丛书)
ISBN 978-7-5621-8983-1

Ⅰ. ①出… Ⅱ. ①新… Ⅲ. ①出版物—印刷品 Ⅳ. ①TS801

中国版本图书馆 CIP 数据核字(2017)第 239140 号

出 版 物 印 刷
CHUBANWU YINSHUA

“新闻出版实用知识丛书”编委会　主编

责任编辑:雷希露
装帧设计:闰江文化
排　　版:重庆大雅数码印刷有限公司・瞿勤
出版发行:西南师范大学出版社
地址:重庆市北碚区天生路 2 号
网址:http://www.xscbs.com
邮编:400715　电话:023-68868624
印 刷 者:重庆共创印务有限公司
开　　本:720mm×1030mm　1/16
印　　张:17.75
字　　数:207 千字
版　　次:2017 年 11 月　第 1 版
印　　次:2017 年 11 月　第 1 次印刷
书　　号:ISBN 978-7-5621-8983-1

定　　价:48.00 元

总序

党的十八大提出了全面建成小康社会和文化强国建设的目标。在全面建成小康社会和建设文化强国的进程中，新闻出版业将继续承担重要任务，扮演重要角色。

近年来，新闻出版业转型升级和融合发展对新闻出版从业技术人才队伍建设提出了更高的要求，新闻出版行业人才队伍素质的基础性、战略性、决定性作用将更加突显，这也成为新闻出版人才培养和成长的大好时机。《国民经济和社会发展第十三个五年规划纲要》明确指出：人才是“支撑发展的第一资源”，人才就是生产力，要加快建设人才强国。国家将推动新闻出版名家工程、新闻出版领军人才工程、数字出版千人计划、版权专业人才培养计划、经营管理人才素质提升工程、国际化外向型人才培养工程、民文出版人才支持计划、高技能人才培养工程、新闻出版智库建设等与国家规划重大人才工程相对应的重点人才建设工程，通过项目培养人才，促进人才发展，落实人才发展优先战略，一批复合型经营管理人才、数字出版人才、现代行政管理人才将不断地涌现出来。

不积跬步无以至千里。新闻出版人才队伍建设是一项长期性的基础工作。近年来，重庆市文化委员会一直在人才队伍、行业培训方面做着积极且有益的探索，配套出台了一系列政策措施，以重庆市出版工作者协会为枢纽，邀请业内相关专家，以定期开展讲座的形式，对全市新闻出版从业人员进行集中培训，为广大新闻出版一线工作者提供相互交流的机会，取得了良好的效果，为重庆新闻出版人才队伍建设做出了积极的贡献。

为帮助从业人员掌握行业知识、业务要求及流程，社会大众了解行业相关标准规范和国家相关政策，提升新闻出版行业的服务与管理水平，在重庆市文化委员会的大力支持下，由重庆市出版工作者协会牵头，聚集业内相关专家学者、行业管理人员等，组织编写一套可供新闻出版从业人员、社会大众和新闻出版管理人员学习、运用的实用性知识技能丛书——“新闻出版实用知识丛书”，这是重庆新闻出版人对出版认识的理性积累和宝贵经验的总结。

“新闻出版实用知识丛书”不是一套新闻出版专业技术人员职业资格考试辅导教材，而更多的是一套面向新闻出版行业，为从业者与行业管理者终身学习服务的工具书。它的出版对进一步推动我市乃至全国新闻出版专业技术人员的政治、业务学习和加强新闻出版人才队伍建设将发挥积极的作用。

丛书涵盖面广，分为《图书出版》《报刊出版》《数字出版》《音像电子出版》《著作权与版权贸易》《出版物印刷》《出版物发行》7册，每册力求做到密切结合新闻出版工作实际，注重突出基础知识、基本技能。丛书的编写融出版行业相关国家政策、行政管理法规、出版各环节实际操作于一体，有较强的实际操作性。丛书采用针对性更强的一问一答的形式进行编写，一看就会，一学就懂，使丛书面向更广的读者群体。

丛书的内容重在从业人员必须掌握的新闻出版行业法律法规、从业的基本知识和基本技能；丛书的编写也更加突出工作中应掌握的相关知识、从业者希望了解的知识和服务机构经常被咨询与受理的疑难问题。简而言之，丛书内容既有从业人员必须掌握的知识和技能，也有管理部门应告知服务对象的相关政策，是新闻出版行政管理人员、出版专业技术人员的常备工具书。

丛书内容繁多，尽管我们尽量吸收了目前最新的政策法规、吸纳了行业同人的意见和建议，但部分内容特别是一些政策法规会在改革中不断变化，加之编者水平有限，书中的错漏不足之处难免，还望读者批评指正。

重庆市出版工作者协会

前言

出版物印刷是包括与报纸、期刊、书籍、地图、年画、图片、挂历、画册及音像制品、电子出版物的装帧封面等相关的排版、制版、印刷、装订等印刷经营活动。为了让广大出版和印刷从业人员对出版物印刷生产过程、工艺、相关法规有准确的把握，在重庆市文化委的指导下，我们编纂了本书。

《出版物印刷》是“新闻出版实用知识丛书”中的一本，本书针对出版物印刷中所遇到的常见问题，采用循序渐进的讲解方法，从出版物印刷过程中所需解决的常见问题入手，逐步针对出版物印刷流程中所涉及印刷材料、出版物印刷、出版物印刷质量、数字印刷、绿色印刷、出版物印刷行政管理等方面的常见问题，一一做了解答。本书内容翔实，结构清晰，语言通俗易懂，既突出了出版物印刷的相关流程，又重视出版物印刷中的实践应用。

本书可作为印刷企业的生产操作指南，也可以作为职业院校印刷专业以及相关专业的参考书，还可以作为印刷人员短期培训教材，也是广大出版物印刷从业人员不可多得的一本使用指南。

在本书的编写过程中，参考了一些相关著作和文献。由于作者水平有限，加之创作时间仓促，本书不足之处在所难免，欢迎广大读者批评指正。

第一部分　印刷材料

一、纸张　/ 1

三、油墨 / 31

四、平版印刷中的橡皮布和润版液 / 39

五、胶辊 / 47

六、胶片和印版 / 52

第二部分　出版物印刷

二、图文处理技术 / 77

第三部分 出版物印装质量

一、出版物印装质量的基本内容 / 171

二、出版物印装质量主体与印装质量 / 176

三、印装质量问题及规避办法 / 192

第四部分　数字印刷

第五部分 绿色印刷

第六部分 出版物印刷行政管理

第一部分 印刷材料

一、纸张

1.纸张的主要组成成分是什么？

纸张主要由植物纤维和胶料、填料、颜料等辅料组成。当然，也有使用人工合成的高分子化合物(如聚丙烯等)作为主要原料，并经过“纸状化”处理，从而制成的新型纸种——合成纸。植物纤维是构成纸张的主要成分，构成了纸张的基本骨架。图1—1为新闻纸表面放大显微图，图1—2为胶版纸表面放大显微图。

图 1－1 新闻纸纸表放大显微图

图 1－2 胶版纸纸表放大显微图

2.用于造纸的植物纤维主要有哪几类？

用于造纸的植物纤维主要分为木材纤维和非木材纤维两大类。

木材纤维可以直接从树木中获得。木材纤维原料又分为针叶木和阔叶木两类。针叶木，其质地疏松，故又称为软木，如常见的松树、杉树等。阔叶木，质地偏坚硬，故又称硬木，如杨木、桦木、枫木、桉木等。

非木材纤维即不是直接从树木中获得的纤维，但仍可用于造纸。非木材纤维原料主要有草类、韧皮、籽毛等纤维原料。草类纤维原料有稻草、麦草、芦苇、玉米秆等。韧皮纤维原料有各种麻类及某些树皮等。籽毛纤维原料有棉纤维等。

此外，废纸也可作为原料用于造纸。从废纸中获得的纤维称为再生纤维。用再生纤维生产的纸张又称再生纸。再生纤维的利用，一定程度上可以减少对天然植物林木的砍伐。

3.植物纤维原料的化学成分是什么？

植物纤维原料的化学成分主要有碳水化合物、苯酚类物质、萜烯类物质、脂肪酸、醇类、蛋白质及无机物等。碳水化合物主要是指多糖，约占原料的50％，主要包括纤维素、半纤维素。苯酚类物质，主要组分是木素，约占原料的 15%～35%。萜烯类物质主要是指挥发性物质（如松节油）及松香酸等，在针叶木制成的植物纤维原料中萜烯类物质约占 5%，而在阔叶木及草类制成的植物纤维原料中含量极低。显然，植物纤维原料中，纤维素、半纤维素及木素为主要组分，也是构成成品纸的主要成分。

4.纤维素、半纤维素及木素的特点是什么？

纤维素的分子式为$(C_6H_{10}O_5)_n$，n 为葡萄糖基的数目，又称为聚合度，其数量为几百至几千甚至上万。纤维素属于大分子物质，化学性质相对稳定，但其构成决定了其具有吸水润胀、极性和方向性的特点。纸张中含纤维素越多，则纸张的形稳性越好。

半纤维素是多种复合聚糖的总称，也是一种多糖物质，是在植物中除纤维素外的碳水化合物，通常的聚合度较低一些，n 值在 200 左右，其吸水性和润胀能力均比纤维素大许多。纸张中含半纤维素越多，则纸张的强度相对就高一些，但形稳性就差一些。

木素是一种网状结构的天然高分子化合物，它的分子结构与纤维素和半纤维素不同，是一种非线性的高分子。它存在于植物中，起黏结纤维、增强强度的作用。造纸工艺中为了得到纤维，就得尽量去除木素。由于木素不易吸水润胀，故木素含量较高的成品纸就显得硬而脆，同时木素在光照下易形成发色基团，故木素含量高的纸（如新闻纸）放久后易发黄变色。

5.造纸工艺中施胶的目的、方式和作用是什么？

对纸张施胶处理，目的就是要使纸张获得憎液性能。纸张具有一定的憎液性，就可减少液体在纸表的扩散和向纸里的渗透。

对于未施胶的纸张，由于纤维素和半纤维素为极性亲水性物质，液滴在纸面上将完全扩散，向里渗透也十分迅速。对于施过胶的纸张，纸张表面或里面就会沉积胶料物质，液体再接触纸面，其扩散就会大大减少，渗透也变得更慢。施过胶的纸张印刷油墨后，因图文油墨在纸表和纸里的扩散渗透率低而能保持色彩较真实和亮丽。

根据施胶要求的效果不同，施胶主要有在纸张内部施胶和纸张表面施胶两种。

内部施胶是将胶料加入纸浆中，再抄制成内部具有较强憎液性的成品纸。如轻型纸为保持表面粗糙且松厚度较高，需要进行纸张内部施胶，这样轻型纸印刷后油墨印迹才不会渗透到背面。再如一些食品包装纸，也需要进行内部施胶，这样胶料在纸表的沉积就极少，不会污染食品，同时也能阻止水分渗透，起到了保鲜防潮的作用。

纸表施胶是在纸张抄制基本成型后对纸张表面进行的胶料涂布处理。纸表施胶能改善纸张印刷性能，提高纸张表面强度，减少纸表毛细孔，提高抗油抗水性，减少渗透性等。

6.纸张生产中加入填料的目的及影响是什么?

纸张生产中加入填料的目的主要有以下几点：

(1)提高纸张的白度和不透明度；

(2)提高纸张平滑度；

(3)增大纸页总孔隙率；

(4)增加对油墨的吸收能力；

(5)提高紧度；

(6)降低成本。

但填料添加太多会导致纸张的机械强度下降，并且在印刷中容易出现掉粉掉毛的现象。填料在纸张中的含量一般为10%～15%。常用的填料有滑石粉、硫酸钡、碳酸钙、钛白粉、高岭土等。

7.纸张生产中加入色料的目的及影响是什么？

纸张生产中加入色料的目的主要是为了调色和染色。

植物纤维本身略呈黄色或灰色，即便漂白处理后，也不是纯白色。为了提高纸张的白度，通常会在纸浆中加入蓝紫色、红蓝色或品蓝色等染料。

另外，生产有颜色的纸张需要加入相应颜色的色料。

除漂白染色提高纸张白度以外，还可以在纸浆中加入荧光增白剂，可较容易提高纸张白度，但荧光增白剂对人体有危害。人体接触过量的荧光增白剂会致癌。

8.造纸工艺主要有哪些环节？

造纸工艺主要有制浆、漂白、打浆、调料、抄造和涂布等环节。

(1)制浆

传统的制浆方式主要有化学法和机械法两种。

化学法制浆就是利用化学药品的水溶液在一定温度和压力下处理植物纤维原料，将原料中的木素溶解出，尽可能保留纤维素和部分半纤维素。化学法中最具代表的是硫酸盐法和亚硫酸盐法。硫酸盐法多用于牛皮纸制浆。

机械法制浆就是利用机械方法对纤维原料进行纤维分离处理，通常是将原木等用机械力压在磨石表面，通过磨石旋转而使木材磨解为纤维，再用水从磨石上冲洗下来，即制得木浆，又叫磨木浆。若制浆原料是草类等植物，则制得的浆为机械草浆。

当然，也有用化学药品对原料进行预处理，然后再用机械方法进一步磨解，则称为化学机械法制浆。

（2）漂白

为满足纸张的使用要求，需要对纸浆进行漂白处理，使纸张达到一定白度。通常是在纸浆中加入漂白剂，使纸浆中的木素溶出，或使有色物质褪色，这样就达到了纸浆漂白的目的。

（3）打浆

用机械的方法处理水中的纤维，使其能满足造纸生产的特性，使成品纸张能达到预期的质量指标。

（4）调料

向纸浆中加入各种辅料，如胶料、填料、色料等，使生产的纸张能满足不同用途的需要。

（5）抄造

纸浆通过流浆箱，以均匀、稳定的出浆速度喷到造纸机网部的网面上，经网部成型后脱去大部分水分，然后送到造纸机压榨部进一步脱水，接着送到干燥部利用热能再脱水，并进行施胶处理，然后对纸张进行压光处理，最后将纸张卷成与纸机幅宽一致的大纸卷，再按要求分切为单张纸或用复卷机卷成卷筒纸。

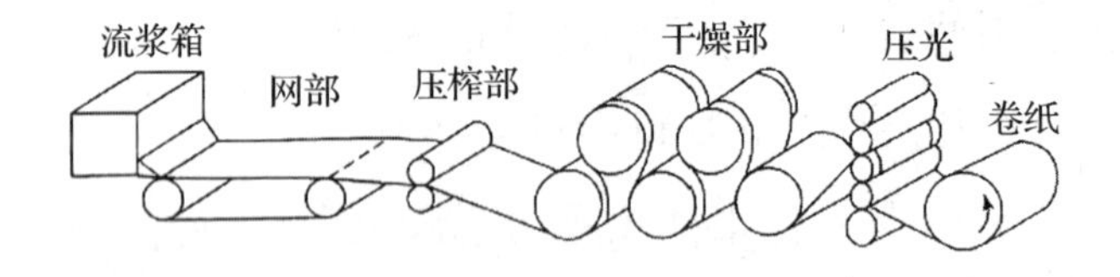

图 1—3　长网造纸机示意图

（6）涂布

为了改善纸张的印刷性能，即增加纸张的平滑度、光泽度、形稳性和不透明度等，需对纸张两面用相应的涂料，通过涂布机进行均匀涂布，干燥后再压光处理，即可完成纸张涂布流程。

9.涂料纸与非涂料纸的表面情况有什么差异？

涂料纸与非涂料纸表面的具体差异如表1—1所示。

表1—1　涂料纸与非涂料纸的性能对比

性能	平滑度	光泽度	形稳性	不透明度	表面放大凹凸情况
涂料纸	纸表平滑度好，适于印刷精细产品	好	形稳性好	有所提高	
非涂料纸	纸表凹凸不平，只能印刷较粗网线的产品，易导致印品层次丢失，图像实地部分均匀性下降，印刷效果一般	差	形稳性差，纸张易吸潮发长	一般	

10.涂料纸易产生哪些印刷问题？

构成涂料的主要成分有颜料、胶黏剂和助剂。胶黏剂在涂料中的作用是使颜料粒子间相互黏结，同时也使涂层与原纸牢固黏结。

若黏结不牢固，就会导致印刷问题。若颜料粒子间的黏结不牢，就会发生掉粉掉毛现象，纸粉纸毛过多堆积在橡皮布上，就会使印刷后的图像不清晰，颗粒变得粗糙；若涂层与原纸黏结不牢，在印刷中就会产生拉毛现象。故要求涂料中的胶黏剂必须足量使用，否则极易导致上述问题的发生。

11.纸张的两面性及其影响是什么？

纸张有正反两个面，正面为毛布面，反面为网面。纸张出现正反面是因为在造纸过程中，纸浆中的水是从正面向反面移动。反面起到过滤作用，浆料中的部分填料及细小纤维会随着脱水流失，因而总是比较粗糙和疏松，相反正面就比较紧密和平滑，纸张这种两面不均的现象即常说的纸张两面性。

纸张正面平滑度高，着墨效果好，但表面强度较低，在印刷中易出现拉毛现象；纸张反面比较粗糙，着墨效果差，但表面强度高，在印刷中不易出现拉毛现象。

减小纸张两面性差别的方法有：采用立式夹网造纸机、采用化学助留剂、合理使用压光设备等。表1－2为几种常见胶版纸的正反面差别情况：

表1－2　常见胶版纸正反面差别对比表

测试纸张品牌及克重	晨鸣 70g/m²	晨鸣 80g/m²	银鸽 70g/m²	银鸽 80g/m²	金太阳 70g/m²	金太阳 80g/m²
粗糙度（正面）PPS值（μm）	3.55	4.48	3.75	3.75	3.68	4.38
粗糙度（反面）PPS值（μm）	4.01	4.54	6.10	5.19	4.13	4.86
临界拉毛速度（m/s）（正面）	2.93	2.96	2.33	2.18	2.46	2.78
临界拉毛速度（m/s）（反面）	2.98	2.98	2.47	2.33	2.89	2.94

12.如何区分纸张的正反面？

常用以下三种方法区分纸张的正反面。

(1)用手摸。手感光滑的一面为正面，手感粗糙的一面为反面。

(2)光下看。将纸张放在光下面看，反光强的一面为正面，反光弱的一面为反面。

(3)烘干法。将纸张在烘箱内烘干，纸张会发生卷曲，向里卷的一面是反面，另一面是正面。

13.纸张的方向性及其印刷选择是什么?

在纸张的抄造过程中,与造纸机运行方向一致的方向为纸张的纵向,与纸机运行方向垂直的方向为纸张的横向,在纸张的纵横两个方向上纸张纤维排列有显著差别。这是因为在纸机运转时的牵引力的作用下,纤维大多数按纵向排列。因此纸张在纵向和横向上的性能是有差异的,这就是通常所说的纸张的方向性。

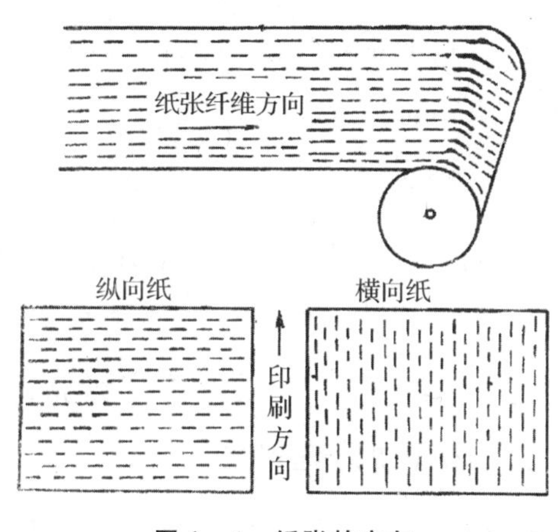

图 1—4 纸张的方向

纸张纤维在吸湿润胀后,纤维直径方向膨润的幅度比其长度方向要大,故纸张吸湿时,横向伸长率比纵向大,一般大 2~8 倍。因此,对于单张纸印刷,通常选择纸张纵向为纸张的长边,横向为纸张的短边,这样垂直于印刷方向(即滚筒轴向)的伸长率相对低一些,多色套印效果就要好一些。而且伸长较长的短边造成的套印不准可以通过调整印版滚筒衬垫来补偿,而滚筒轴向的套印不准则无法通过这种方法来补偿。

对于单张纸印刷,除要求使用同一批次的纸张外,纸张的方向更需要保持一致,这样装订成册的书才不至于出现书页长短不齐的情况。

14.如何判断纸张的方向性?

对于卷筒纸,纸张的方向性很容易确定,因生产的原因纸张纵向就是纸卷的圆周方向。而单张纸的方向就不十分明确,除造纸厂专门标注外,就需要仔细确认。

(1)纸页卷曲法

将测试纸切成 50 mm×50 mm 的试样,并分别对应记录下原纸张的长边和短边,然后放在水面上,再观察纸张的卷曲方向,与卷曲轴平行的方向即为纸张的纵向,这样即可对应确定原纸长边或短边的纵横方向。

(2)抗张强度分辨法

通过确定纸张的抗张强度来分辨纸张纵横向的一种方法,即为抗张强度分辨法。通常,纸张的纵向强度高,耐折度和抗张强度均较大。通过折纸实验即可很快确定纸张的纵横方向。在实验室中,这种方法往往便捷也很可靠。

(3)纸条弯曲法

在测试纸的相互垂直的方向上各取一条 200 mm×15 mm 的纸条,将其平行重叠,再用手指捏住一端,使其另一端自由地弯向手指的左方或右方。如果两个纸条重合,则上面的纸条为横向;如果两个纸条分开,则下面的纸条为横向。

(4)纤维定向鉴别法

即在显微条件下观察纸表纤维的排列方向。

另外还可以采用膨胀法、翻执法、湿水伸长测定法、水滴法、拉扯法、撕裂法、观察等方法判断纸张的纵横方向。

15.纸张的匀度及其影响是什么?

纸张匀度是指纸张纤维分布的均匀程度。匀度好的纸张,其外在质量、物理和光学性能均较良好，对于非涂料纸而言，其印刷效果也较好一些。

通常，纸张匀度是通过目测比较而得，无具体数据。一般将纸张对着均匀的光线观察，通过观察者的感觉来判断匀度的差情况。如要得出具体纸张匀度数据，则可通过三种仪器观测确定，这三种仪器分别是STFI匀度仪、QNSM匀度仪和MK公司的三维纸页结构分析仪，其中以三维纸页结构分析仪应用较为广泛。

16.纸张的外观质量缺陷主要有哪些？

纸张的外观质量缺陷主要是指通过肉眼可以观察到的纸表存在的较明显问题。如较大较多的尘埃点、孔洞、针眼、较大的透明点、皱纹褶子、脏迹斑点、纸疙瘩、条纹、裂口、色泽不一，以及单张纸的尺寸大小不一等问题。

17.纸张的主要质量指标有哪些？

纸张的主要质量指标分为四类，分别是基本指标、光学指标、强度指标和表面性能指标。

基本指标主要有定量、厚度、紧度、伸缩率、尘埃度、挺度、pH值、水分等指标。

光学指标主要有白度、不透明度、光泽度等指标。

强度指标主要有抗张强度、伸长率、耐折度、撕裂度等指标。

表面性能指标主要有施胶度、表面强度、吸收性、平滑度等指标。

18.什么是纸张的定量？

纸张的定量(W)是指纸张单位面积的质量，其单位是“克/平方米”(g/m^2)，即通常讲的纸张克重。印刷行业中通常将定量的单位省略仅用“克”(或“g”)来表示。常见的纸张定量(克重):28 g 打字纸、40 g 字典纸、55 g 胶印书刊纸、60 g 书写纸、70 g 双胶纸、80 g 轻型纸、80 g 轻涂纸、80 g 压光纸、105 g哑粉纸、157 g 铜版纸、200 g 铜版纸等。

19.纸张厚度对印刷有何影响?

厚度表示纸张的厚薄程度。厚度会影响纸张的不透明度和可压缩性。纸张过薄,在印刷中会发生透印,网点转移困难。厚度不均匀的纸张在印刷中受到的压力也不均匀,造成上墨不匀,影响印刷质量。而且在出版物印刷过程中,厚度不均匀还会影响印后装订。

20.什么是纸张的紧度?

纸张的紧度(D),是指纸张单位体积的质量,其单位是“克/立方米”(g/m^3)。

紧度的计算公式为:

$$D=\frac{W}{T}$$

W 表示纸张定量(单位:g/m^2),T 表示纸张厚度(单位:m)。

21.纸张的紧度和纸张的松厚度有什么关系?

同一定量下,紧度大的纸张厚度越小,纸张结构紧密;反之,紧度小的纸张厚度大,纸张结构疏松。通常,紧度值低于 0.55 g/m^3 的为低紧度纸,在 0.55～0.75 g/m^3 的为中紧度纸,高于 0.75 g/m^3 的为高紧度纸。

一般情况下,纸张的紧度和耐破度、抗张强度成正比,但当紧度增大到一定值时,耐破度又会下降。紧度越大,纸张的吸墨性越小,不透明度越小。因此纸张的紧度要在适合的范围内。

一般普通胶版纸紧度在0.8 g/m^3 左右，铜版纸紧度在1.25 g/m^3 左右。

紧度值的倒数为纸张的松厚度，单位为“立方米/克”(m^3/g)。纸张的紧度越大，其松厚度越小；相反紧度越小，其松厚度越大。常见的轻型纸、纯质纸及部分特种纸，其松厚度较大，通常在1.3～1.5 m^3/g 之间，有的甚至能达到1.8 m^3/g。用这些纸做同样厚度的书，其手感较其他纸相对较轻。

22.纸张伸缩与其形稳性的关系是什么？

用于印刷的纸张，应具有良好的形稳性，这样才能确保印刷套印效果。纸张的形稳性是指纸张尺寸的稳定性。由于构成纸张的纤维在吸湿后会产生一定程度的润胀，且纤维直径方向(即横向)的膨润的幅度比纵向大得多，故纸张的伸缩情况对其形稳性会产生极大影响。

纸张伸缩既有多少的度量即伸缩率，也有快慢的度量即伸缩速度。有的纸张伸缩率虽然大一些，但其伸缩速度却较慢，在连续的四色印刷中，套印效果就要好一些。而有的纸张，疏松多空隙，吸湿后会迅速伸长，虽然伸缩率并不是很大，但仍十分影响套印效果。

通常认为，横向伸缩率在3%以上的，为形稳性极差；横向伸缩率在2.6%～3.0%的，为形稳性差；横向伸缩率在2.0%～2.5%的，为形稳性一般；横向伸缩率在2.0%以下的，为形稳性相对较好。

23.纸张卷曲变形对印刷的影响及如何预防？

纸张印刷前，若吸湿不均，就会出现不规则的卷曲，或因环境太过干燥而散失水分出现纸张紧边，均会影响印刷的正常进行,不仅影响输纸装置不能正常输纸,也会导致套印不准确,甚至会使部分纸张出现打皱和印成扇形页,结果造成大量的纸张浪费和废品产生。

为避免纸张出现影响印刷的卷曲和紧边情况,需要在车间控制好相对恒定的湿度。经研究发现,车间环境的相对湿度控制在40%～60%,纸张的含水量即可保持在5%～7%,此时的纸张形变较小。

24.出版物常用纸张种类及其特性有哪些?

(1)字典纸

字典纸主要用于印刷字典辞典、工具书、页数较多的手册等读物。通常有30 g、35 g、40 g、42 g等几种定量。由于字典纸的定量较低,印制的产品文字较细小,故字典纸要洁白细腻、不透明度高,虽薄而柔软但机械强度要高且韧性要大。具体使用时,特别要注意,因字典纸吸湿性强,故易卷曲从而影响印刷。

图1—5　字典纸

(2)新闻纸

新闻纸主要用于印刷报纸和部分期刊,通常有40 g、43 g、45 g、49 g等几种定量。成品纸一般是卷筒纸,因为报纸和期刊常采用速度较快的轮转机印刷。新闻纸纸质松软挺度差,白度和平滑度也较低，但不透明度高，水墨吸收性强。长时间与空气和阳光接触，新闻纸易变脆发黄，故不宜长久保存。

图 1—6 新闻纸

(3)书写纸

书写纸是一种消费量很大的文化用纸，适用于表格、练习簿、账簿、记录本等，供书写用，常见定量有 55 g、60 g、70 g 等。成品纸有单张和卷筒两种包装。单张纸的规格通常有 787 mm×1092 mm、889 mm×1194 mm、890 mm×1240 mm 等。卷筒的幅宽常有 770 mm、780 mm、880 mm 等。书写纸大多为本色纸，抗张强度好，质地紧密，其抗水性也有所提高。用钢笔在这类纸张书写时，墨迹扩散较小、渗透较弱。

图 1—7 书写纸

(4)胶版纸

胶版纸通常两面施胶，且施胶量大于书写纸，故又叫双胶纸。胶版纸适于印刷普通彩色产品、较高质量的黑白教材和期刊等。定量通常有 70g、80g，也有更高的定量如 120 g 等。成品纸的包装也有单张和卷筒两种。单张纸的规格通常有 787 mm×1092 mm、889 mm×1194 mm、890 mm×1240 mm 等。卷筒纸的幅宽常有 787 mm、770 mm、870 mm 等。除用于印刷中小学教材的胶版纸常为本白色外，胶版纸的白度通常较高；其质地更紧密，平滑度好，印刷效果相对较好；其纸张形稳性好，抗水性强，吸收性小，油墨在纸张上能呈现一定光泽；其抗张强度和表面强度均较好。

(5)轻型纸

轻型纸是一种紧度低松厚度大的纸张，有浅米黄和白色等颜色，市场上以浅米黄为主，适于印刷市场类图书，或艺术性强的及古色古香的读物，因其纸厚质轻及不透明度高等特点，有时被选作中小学教材用纸。轻型纸叫法较多，早些时候叫蒙肯纸，后又叫轻质纸，也有叫松型纸、超厚纸等。普通胶版纸的松厚度在 1.1～1.2 m^3/g，轻型纸的松厚度更高，能达到 1.3～1.8 m^3/g。因轻型纸质地疏松，纸表通常较粗糙，平滑度较低。为尽量弥补这个缺陷，工厂在轻型纸两面加涂料和压光处理，于是便得到市场上新出现的另一纸种——纯质纸。纯质纸既有轻型纸的纸厚质轻的特点，又兼有双胶纸的表面平滑细腻的特点，适于印刷图片较多的市场类图书和期刊。

(6)铜版纸

铜版纸又叫涂布纸或涂料纸，是一种在原纸上进行最大限度涂布得到的纸张，其定量通常较大，有 90 g、105 g、128 g、157 g、180 g、200 g、230 g 等，除低定量可为卷筒纸外，高定量的铜版纸基本上都是单张纸，常见规格有 787 mm×1092 mm、889 mm×1194 mm 等。

根据对纸张表面的处理情况，铜版纸又分为亮光铜版纸和哑光铜版纸(也称为哑粉纸)。纸表涂布量也可适当减少,所得纸张即为轻量涂布纸(也称为轻涂纸)。

25.出版物如何选用纸张?

主要根据印刷品的要求及印刷机类型来选择使用何种纸张。

若印刷开本小字数多的字典、辞典、手册等工具书,宜选择字典纸印刷,印量较大的可选择用卷筒纸采用轮转机印刷,而印量较小的宜采用单张纸印刷。

若印刷黑白大中专教材、普通期刊等读物,宜选择书写纸印刷,量大的期刊和教材,可选择卷筒纸用轮转机印刷,量小的或非标准开本的教材、期刊等读物,为避免纸张浪费,宜选用单张纸采用单张纸胶印机印刷。

若印刷市场类图书或期刊,宜采用轻型纸或纯质纸印刷。对量大的开本规范的市场类图书或期刊,可采用卷筒纸用轮转机印刷。

若印刷学术专著及重要期刊,宜采用胶版纸印刷。因这类读物通常量小故宜采用单张纸胶印机印刷。

若印刷普通彩色期刊或图片效果有较高要求的报纸彩色插页,宜选择轻涂纸或超级压光纸印刷。

若印刷高档画册、书刊封面、彩色插图等,宜采用铜版纸用单张纸胶印机印刷。

为确保同一批出版物的纸张品质,在选用时应尽量确保同一批产品用同一批纸张印刷,否则会因批次的不一致,导致同一批出版物中的书页出现“色差”现象,纸张颜色深浅不一,十分影响产品外观效果。

26.纸张入库时如何检查验收?

(1)检查外包装是否完好

通常,单张纸是用包装纸包装好后,再在每件纸的上下用木板夹装,并用打包带捆好。在外包装上,应贴有产品合格证标签,并标明产品的名称、品牌、尺寸、定量、令重、净重、毛重、件令数、质量等级、执行标准、生产日期及生产企业名称等信息,有的还标明了纸张的纵横方向。而卷筒纸,通常在最外层封上2～4层的包装纸,并在两端封头,贴上圆形商标纸。在商标纸上印有产品名称、品牌、定量、净重等信息。

检查外包装,主要检查是否有破损、变形和纸张暴露等问题,若有比较严重的包装问题,收货方应向供纸方说明,待沟通协商好再办理收货手续,以免事后不便处理,或造成不必要的损失。通过检查外包装,可以识别收到的纸张是否为同一批次,对单张纸还可以识别不同件的纸张是否为同一方向,以便分类管理和使用。

生产批次上,可以从生产日期来判断,为同一生产日期或相连一两天的生产日期,应为同一生产批次。纸张方向上,可从规格标注来判断,如同一批纸,规格为890 mm×1240 mm与1240 mm×890 mm的,应为纵横两个方向。也有纸厂在标签上注明纸张的横向或纵向的。

(2)检查纸相是否良好

对于单张纸,正常的纸外形应具有良好的平整度。检查纸相时主要看一件纸开件后是否出现波浪形或碟形情况,有时也会发现山形、谷形、卷曲形、马鞍形等变形情况。

对于卷筒纸,正常的纸相应是标准的圆柱体。检查时主要看卷筒纸是否存在内松外紧、两端松紧不一或两端大小不一等问题。

(3)检查纸张外观质量是否合格

主要检查比较明显的纸病问题，如尘埃点、孔洞、针眼、透明点、皱纹褶子、脏迹斑点、纸疙瘩、条纹、裂口、色泽不一、尺寸大小不一等问题。

(4)检查纸张规格及定量是否达到标准

合格的纸张其尺寸和偏斜度误差应在允许范围内。全开纸的尺寸允许误差±3 mm，偏斜度允许误差 3～5 mm。纸张定量允许误差±5%。

定量的测量通常可用电子秤测得，测出结果应与产品合格证上的定量标注接近，不能超出允许范围。简单的定量测量也可这样处理，从一张大纸上切下一张规则的小纸(如 210 mm×297 mm)，测量好小纸的尺寸后，即可放在电子秤上称出质量，这样即可计算出样品的实际定量。

27.纸张对印刷车间环境的温度和湿度要求是什么?

车间的温度湿度变化过大，就会使纸张的水分发生较大变化，在白料投入至完成印刷装订的生产过程中，会造成纸张不同程度的形变，这给印刷、装订带来较大影响，成品书的书页也会出现伸缩长短不齐的现象。为此，印刷车间温度和湿度应尽可能稳定，不能出现超过规定范围的波动。通常印刷车间温度和湿度范围如表 1—3 所示。

表 1—3　印刷车间温度和湿度范围对照表

温度范围(℃)	16～20	21～25	26～30
湿度范围(%)	45～50	53～58	60～65

为控制好印刷车间的温度和湿度，应对车间的门窗、地面进行规范的设置和管理。印刷车间一般处于楼房底层，需要采用双层门的设计。印刷车间经常有纸张运进运出，开敞门的次数较多，通过开关双层门，就能有效地防止外界空气直接流入车间。窗户打开次数也应严格控制。车间应安装好空调，以调节车间的温度和湿度。印刷车间的地面结构，应采用水磨石地面，以利于防潮。而水泥地面及硬质面砖地面，在气候变化较大时，常常产生大量潮气，在春夏季节，由于气候温、湿度变化，即使不下雨，地面也会浸出水珠，使整个车间的湿度变大。

28.印后半成品如何管理？

印刷人员常有这样的误解，认为印刷完毕，纸张就没有问题了，所以常见到车间中印刷后的半成品裸露堆放，没有对印后半成品进行必要的正确的保护。其实不然，因印后半成品裸露堆放，结果造成纸张产生较大形变，从而影响到之后的折页、装订、覆膜、上光、烫压等工序的正常进行，极易导致质量问题。也有的因长时间裸露堆放，面上的印刷品常会附着较厚一层纸粉灰尘。因此，对于印后半成品，仍需要正确及时地保护起来，直至送到下一环节。通常可用塑料薄膜或防潮布将印后半成品覆盖好，不至于裸露出来，这样既防止了纸张因车间的温度湿度和变化而引起的变形，也可使印刷后的半成品始终保持干净整洁。

29.纸张的开切方法有哪些？

(1)几何级数开切法

未开切的纸叫全张纸。从全张纸的长边对折开切后的纸为对开纸，从对开纸的长边对折开切后的纸为 4 开纸。依此法开切下去的纸为 8 开纸、16 开纸、32 开纸、64 开纸等等。按上述方法开切出来的纸简称对开、4 开、8 开、16 开、32 开、64 开等等。几何级数开切法既便于机器折页，也便于装订，还能充分利用纸张，避免了浪费。

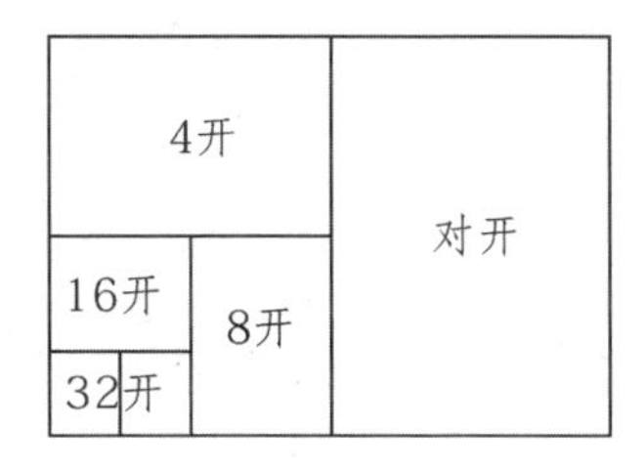

图 1—8　几何级数开切法

(2)直线开切法

这种开切法是按纸张的长宽边均匀等分开切，虽然不是几何级数开切，但仍不浪费纸张，不过开切出的页数有单有双，不便于机器后期折页，如 12 开、20 开、25 开、36 开、40 开等。

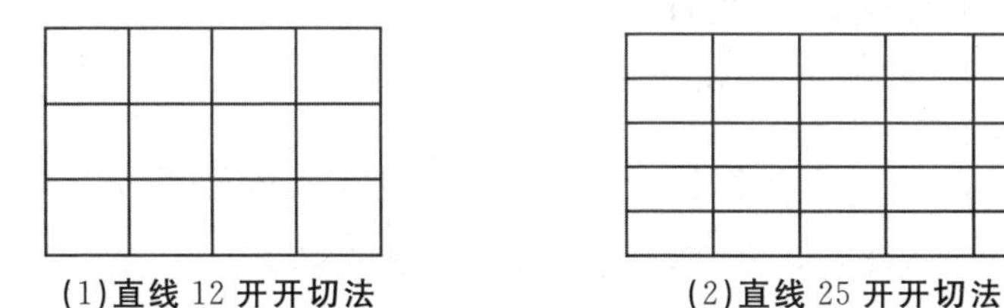

(1)直线 12 开开切法　(2)直线 25 开开切法

图 1—9　直线开切法

(3)纵横混合开切法

这种方法能切出前两种方法不能切出的开本大小，但并不常用，主要是对印后加工不便，较难操作，且易出错，不能充分利用纸张幅面。

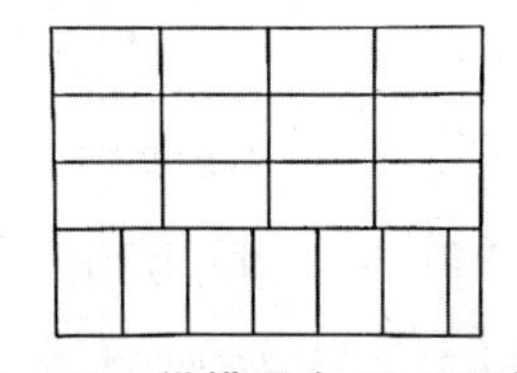

图 1—10　纵横混合 18 开开切法

30.纸张是如何计量及计算的？

(1)“令”和“方”

1方纸即1张对开纸，1令纸为500张全开纸，也就是1000张对开纸，即1000方纸。

(2)令重

令重(Q)即1令纸的重量，单位为“千克”(kg)。

$$Q=0.5LBW$$

其中，L表示单张纸长度(单位：m)，B表示单张纸宽度(单位：m)，W表示纸张定量(单位：g/m^2)。

如60 g787 mm×1092 mm的纸张，则其令重为：

$$Q=0.5\times0.787\times1.092\times60\approx25.782(kg)$$

(3)单张纸的吨令数计算

$$吨令数=1000\div Q$$

如60 g787 mm×1092 mm的纸张，则其吨令数为：

$$1000\div(0.5\times0.787\times1.092\times60)\approx38.787(令)$$

(4)单张纸的用量计算

书刊印张的计算公式为：

$$印张=总面数\div开本数$$

通常，使用不同种类纸张的插页页码不计算在印张内，但应在版权页上标示。

例如，一本16开的书，印数为10000册，正文使用60克双胶纸。书的页码顺序情况为：①前环衬2页，②插图2页，③扉页/版权，④序言/白，⑤目录4页，⑥正文1－284，⑦后环衬2页。其中：①、⑦为特种纸，②为铜版纸，③～⑥为60克双胶纸。

则：印张＝③～⑥总页码÷开本数＝292÷16＝18.25

用纸令数=印张×印数÷1000

　　　　=18.25×10000÷1000

　　　　=182.5(令)

实际印刷和装订中，纸张有相应的损耗，故实际用纸时，应再加上一定的放数。

(5)卷筒纸的计量方法

① 直接重量法：是指扣除筒芯重量后的卷筒纸净重计量法，该净重标注在外包装上，纸厂与纸张用户按此净重结算。

② 定量换算法：用实测定量计算出符合标准定量时的应有重量(标定重量)的方法，以此标定重量作为购销双方的结算重量。

$$标定重量=\frac{标准定量}{实测定量\times净重}$$

③ 标准长度法：是指纸厂在生产时，将卷筒纸复卷为标准长度，然后根据标准定量换算出标定重量，购销双方按此结算重量。目前已有部分造纸厂采用这种办法生产销售。

④ 长度计量法：在纸张生产时，由电脑记录纸卷总长度，并将长度标注在纸卷端面上，再通过总长度的换算，计算出标定重量。

标定重量=总长度×幅宽×标准定量÷1000

(6)卷筒纸的用量计算

$$卷筒纸用量=\frac{总令数}{吨令数}=\frac{总令数}{1000\div Q}=\frac{总令数\times 0.5LBW}{1000}$$

其中，Q表示令重(单位：kg)，L表示折算为单张纸的长度(单位：m)，B表示卷筒纸幅宽度(单位：m)，W表示纸张定量(单位：g/m^2)。

例如，60 g770 mm幅宽的卷筒纸，折算长边为1092 mm的单张纸的需要182.5令，那么需要卷筒纸多少吨？

$$卷筒纸用量=\frac{182.5\times0.5\times0.77\times1.092\times60}{1000}\approx4.604(t)$$

因卷筒纸的在运输、装卸车等过程中，以及印刷装订中，都有一定的耗损，故实际使用时，需要一定的加放数量。

31.计算书籍印张数的注意事项有哪些？

在计算书籍印张数时需要注意以下三点：(1)封皮(四封)不计入印张数；(2)插页不计入印张数，计数单位是“面”；(3)不论正文有无页码都须计数。

例如，一本书16开，白页2面，扉页1面，版权页1面，目录4面，正文内容228面，共有236面，除以开本数16，共有14.75印张。

32.如何计算书籍的用纸量？

计算书籍用纸量可使用以下公式：

用纸量(令)＝册数×印张数×(1＋纸张加放率)÷1000

纸张加放率又称为放数，主要用于印刷、装订过程中的耗损，从而确保需要的成品数量，用千分数表示。加放率是指每个印刷色次的加放比例，单色产品加放率因为正背都要印刷需要乘以2；单面四色印刷，加放率就乘以4；双面四色印刷，加放率就乘以8。

例如，一本大16开的书，单色内文320面、70g书写纸，四色双面彩插32面、105g铜版纸，印数5000册，印刷加放率为每色9‰，装订加放率为14‰，封面为8开、200g铜版纸，四色单面印刷。计算该书总的印刷用纸量：

①70 g 书写纸用量＝5000×(320÷16)×(1＋9‰×2＋14‰)÷1000＝103.2(令)；

②105 g 铜版纸用量＝5000×(32÷16)×(1＋9‰×8＋14‰)÷1000＝10.86(令)；

③200 g 铜版纸用量＝5000×(2÷8)×(1＋9‰×4＋14‰)÷1000≈1.31(令)。

33.纸张的出纸率是什么？

纸张供应商一般提供纸张的吨价，但计算纸价时经常用到令价，因此需要知道 1 吨纸包含多少令。出纸率即 1 吨纸出多少令纸。

出纸率＝1000÷(纸长×纸宽×定量×0.5)

＝2000÷纸长÷纸宽÷定量

(注意：纸长、纸宽的单位为“m”，定量的单位为“g/m^2”)

以 70 g 889 mm×1194 mm 书写纸为例：

出纸率＝2000÷(0.889×1.194×70)≈26.917(令/吨)

假设该纸张吨价为 5500 元/吨，那么令价就是：

5500 元/吨÷26.917 令/吨＝204.33 元/令

也可以将出纸率公式简化为：

出纸率＝系数÷克重

表 1—4　各纸型出纸率系数

规格(mm)	出纸率系数
787×1092	2327.2
850×1168	2014.5
889×1194	1884.19
880×1230	1847.75

同样以 70 g 889 mm×1194 mm 书写纸为例：

出纸率＝1884.19÷70 ＝26.917(令/吨)

以上为平板纸出纸率的计算方法，跟平板纸不一样的是，卷筒纸的出纸率要考虑机器设备，印刷滚筒周长不一样，同一克重同一幅宽纸型的出纸率就不一样。印刷滚筒这个圆柱体侧面展开就是长方形，这个长方形就是一张对开，跟平板纸用全开纸计算的概念正好小一半。故卷筒纸出纸率的公式为：

卷筒纸出纸率＝1000÷滚筒周长÷幅宽÷定量

（注意：周长和幅宽的单位为“m”，定量的单位为“g/m^2”。）

34.印刷类特种纸的种类及特点有哪些？

特种纸主要是指具有特殊用途的纸张。特种纸种类繁多，印刷类特种纸主要有：玻璃纸、合成纸、压纹纸、花纹纸等。

玻璃纸是一种以棉浆、木浆等天然纤维为原料，用胶黏法制成的薄膜。它透明、无毒无味。因为空气、油、细菌和水都不易透过玻璃纸，使得其可作为食品包装使用。

图 1—11　玻璃纸

合成纸是指以合成高分子物质，如聚酰胺、聚丙烯腈、聚苯乙烯、聚酯等为主要原料，通过添加填充料并进行纸化处理后制成的具有纸张外观且易于印刷的平面材料。与普通纤维纸比较其具有显著的特点，因其内部几乎无孔隙，故一般不会吸湿受潮，在干燥和潮湿的环境下依然结实平整，形稳性良好；很环保，在生产过程中不会造成环境破坏，在废旧处理中也不会造成二次污染；方便印刷，能很好再现印刷效果，网点清晰，色调柔和；比普通纸张有更大的适应性，其强度大、抗撕裂、耐折耐虫蛀、可模切、压花、烫印等；可制成较高的白度，且不透明性好；其缺点是挺度不够、易带静电、油墨附着力弱等。

图 1—12　合成纸

压纹纸是指表面凹凸具有明显纹路的特殊纸张。压纹纸在生产过程，采用机械压花或皱纸的方式，对纸张进行了工艺处理。这种纸张因纸表具有明显的质感，故常用它来提高书刊的装饰效果，其表现力较强。

花纹纸是指纸表能呈现一定花纹或斑点，或有折光效果等的纸张。花纹纸外观华美，手感柔软，适合用于印刷装帧。花纹纸通常有刚古纸、"凝采"珠光花纹纸、掺杂物效果纸、"星采"金属花纹纸等类别。

图 1—13　压纹纸

图 1—14　花纹纸

35.出版物选用特种纸应考虑哪些因素?

第一,应考虑收益与成本的关系。特种纸相对普通纸张,能较好表现图文,也能因其质感而使书报刊具有一定美感,但生产特种纸的工艺及材料相对较复杂,故其成本也较高,价格较普通纸贵。对于普通的书报刊,不必选用特种纸来印刷装帧的,如普通的大中专教材或刊行较久的期刊。而对于某些书报刊,选用了特种纸,就能美化装帧效果,提高读者的认识度,促进市场销售,哪怕成本高些,选用特种纸也是值得的。

第二,应考虑书报刊的生产周期问题。有些特种纸,因其涂层较厚重,吸水性差,印刷后的干燥时间长,那么对于生产周期要求较短的产品是不适合的。

第三,应考虑印刷装订工艺问题。例如,封面设计了勒口的产品,则不能选择折勒口后易爆边的特种纸作封面;封面设计的图案较精细,则不能选择纹路较深的压纹纸作封面。

第四,应考虑产品在生产、运输、上架和销售中的保洁问题。通常用特种纸印刷的产品,不能做覆膜处理,但不覆膜又极易导致上下两册书的封面封底在生产、运输、上架和销售过程中被相互擦花,故应要求印刷企业在生产时,增加一道封面过光油的工艺,或对单本书进行吸塑包装。

二、其他承印材料

1.纸板有哪些特点?

按照国际标准组织的建议,定量在225 g及以上的纸张叫纸板。纸板与纸张的区别,主要有以下几方面:①定量高且厚度大；②挺度大，抗弯曲能力强，折后有明显痕迹甚至断裂；③有多层结构；④正反面在平滑度、光泽度、白度等方面差异大。

2.常用纸板有哪些性能和用途？

(1)单面白板纸

单面白板纸的一面较光滑，由面层、衬层、芯层和底层构成，面层具有良好的印刷适性，衬层起保护面层的作用，芯层起填充增加厚度挺度的作用，而底层则起到改善外观、进一步提高强度的作用。

单面白板纸可用于印刷画册正文、一般图书的封面封套，以及挺阔平直的插页；也可用于印刷香烟、药品、文具、化妆品等的包装盒。

(2)单面涂布白板纸

在原纸板上涂布白色涂料后经整饰加工，即可制成单面涂布白板纸。它比单面白板纸多了一层涂布层，因而其白度更高，有更好的印刷适性。它可以印刷较高质量的色彩效果，常用于化妆品、食品及工艺品的外包装。

(3)铸涂白板纸

铸涂白板纸是以单面涂布白板纸为原料，经加重铸涂而得的一种纸板。为此，其纸表有似镜面一样的平整光滑，吸墨性好不易掉粉且松厚度又好于铜版纸，适于印刷精细产品，常用于高档礼品盒，有时也用于高档的书刊、挂历和画册中。

3.瓦楞纸板的结构是什么？

瓦楞纸板是将瓦楞原纸制成瓦楞状后，再与两层或多层箱纸板用胶黏剂黏结在一起而成的加厚多层纸板，其上下两层为面纸，中间弯曲如瓦楞状的原纸为瓦楞芯纸，中间若干层平板纸为夹芯纸。瓦楞纸板的结构如图1—15所示。

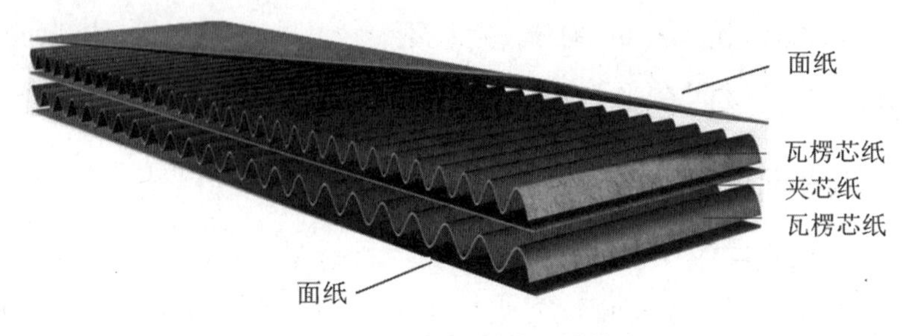

图1—15 瓦楞纸板的结构情况

4.瓦楞纸板有什么性能及用途?

瓦楞纸板因其具有较高的强度,且有一定的延展性,经印刷有关信息后,常用来制造纸盒纸箱,广泛用于包装运输行业。图书成品的大包包装常用到纸箱,在纸箱外层通常也会印上出版社的有关信息。

5.印刷包装中常用的塑料薄膜有哪些?

(1)聚乙烯薄膜,简称PE,有低密度、中密度和高密度三种类型,是由乙烯聚合生成的热塑性高分子聚合物,其在-70℃也能保持良好的柔软性和化学稳定性,无色、无味、无毒,薄膜呈半透明状,可透过氧气和二氧化碳,对水蒸气的阻隔性好,不与油脂等发生反应,但其热稳定性差。

由于聚乙烯无极性,化学性质稳定,故其不溶于大部分溶剂,对油墨的吸附力很弱,印迹干燥后也不牢固,因而聚乙烯薄膜是一种难于印刷的材料,在印刷前需要对这种材料进行印刷适性的专门处理。

(2)聚丙烯薄膜,简称PP,与聚乙烯相比,其耐热性较好,而耐寒性差,也无色、无味、无毒,其化学稳定性、机械强度、透明性、抗水性均比聚乙烯强。通常聚丙烯表面要进行处理,否则也难于印刷,不过目前已生产出可直接在聚丙烯膜表面印刷的专用油墨。

(3)聚氯乙烯薄膜，简称 PVC。添加有增塑剂和稳定剂的聚氯乙烯薄膜是一种有毒高分子聚合物，不能用于食品包装。其耐水性、透明性较好，经延伸处理后可用于收缩包装，如塑封图书等。可直接用于印刷，对于硬质 PVC 薄膜，能满足彩色印刷要求，常用于装饰品和广告印刷。

(4)聚酯薄膜，简称 PET，也是一种高分子聚合物。其无毒、无色、透明、耐磨、耐热、耐寒、耐油，化学稳定性好，对水蒸气及其他气体的阻隔性较好，可用于冷冻和蒸煮食品的包装。印刷前，需要对聚酯薄膜进行电晕处理，在印刷过程中，也需要保持静电消除状态，否则会因薄膜的极强绝缘性，导致无法进行正常印刷。

三、油墨

1.油墨的组成与分类是怎样的？

油墨由主剂和助剂构成，其中主剂又由颜料和联结料组成，助剂主要包括各种添加剂，以改善和调节油墨的印刷适性。添加在油墨中的助剂，主要起到调节油墨的流动性、干燥性和色调方面的作用。油墨基本组成如图 1—16 所示。

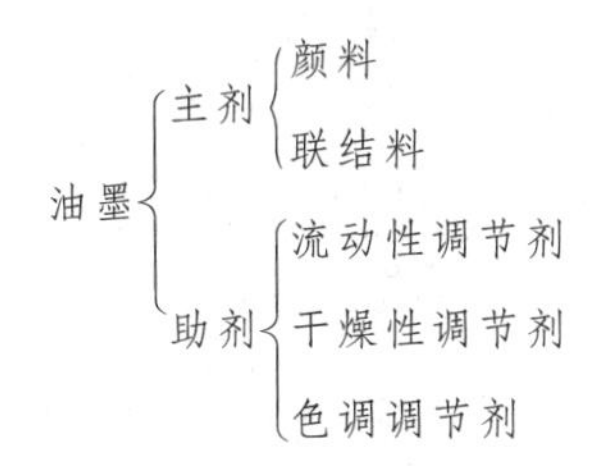

图 1—16　油墨的基本组成

油墨按印刷方式可分为：平版墨、凸版墨、凹版墨、孔版墨等；按干燥方式可分为：氧化结膜型墨、渗透干燥型墨、挥发干燥型墨、光固化干燥型墨、热固化干燥型墨等；按用途分类详见表 1—5。

表 1—5 油墨按用途分类

干燥类型	平版	凸版	凹版	孔版
氧化结膜	单张纸胶印墨	书刊墨	雕版凹版墨	丝网版墨
渗透	轮转纸胶印墨	新闻墨		丝网版墨
挥发		柔性版墨	照相凹版墨	丝网版墨
光固化	紫外墨	柔性版墨		丝网版墨
热固化	印铁墨			

2.油墨黏度对印刷有什么影响?

油墨黏度是油墨中流体分子间相互吸引而产生的阻碍分子间相互运动能力的量度,实质上是油墨内聚力强弱的表现。油墨黏度是油墨流动性的极重要指标。选择黏度值常常应与使用的纸张结合起来考虑,疏松型纸张,油墨黏度应低一些,否则易出现纸张严重拉毛现象;而质地紧密的纸张,可选择黏度值高一些的油墨,这样既可防止油墨乳化,也可防止油墨印刷条纹现象。当然,油墨黏度也与印刷速度有关,油墨的黏度值并不固定,当印刷机的转速提高油墨的黏度就会随之下降。

3.什么是油墨的触变性能?

一定温度下,油墨受外力后,逐渐变稀变软,其流变性变好,当外力停止时,油墨又逐渐变稠变硬,这种属性叫作油墨的触变性。因为油墨有这种性质,所以在印刷过程中,应经常搅拌墨斗中的油墨,以使油墨在墨斗中能正常下墨。

4.什么是油墨的转移性能?

油墨的转移性是指油墨转移过程中墨层在两个接触面之间分离时,由一个表面向另一个表面传递油墨量的多少的能力。油墨的转移性在印刷过程中关系到油墨在传递过程中墨层分离时墨量分配的状况,决定了油墨在多次转移后传递到承印物表面上的墨量的多少及均匀程度,因而影响到印品上墨膜的厚薄程度、墨色的饱满程度、色彩的鲜艳程度和光泽度。

5.什么是油墨的干燥性能？

油墨从流体状态变为固体状态的能力，即为油墨的干燥性能。油墨的干燥过程大体分两个阶段：油墨印刷到纸张上，由液态变为半固态，即固着阶段，为油墨的初期干燥阶段；当半固态的油墨中的联结料发生物理、化学变化，而使油墨完成干固成膜，这是油墨的彻干阶段。

在印刷中，油墨是否固着良好，是以印刷品背面不发生粘脏作为判断标准的。

6.如何评价油墨颜色质量？

油墨颜色的质量情况，对印刷品的色彩效果起决定作用。通常有以下几种方法对油墨质量进行测定和评价。

(1)刮样法

各取少量的标准墨和试样墨，调匀后在标准白纸上，用刮刀自上而下刮成长条薄墨膜层，约 5 分钟后再目测观察试样墨与标准墨的颜色差异，以做出评价。

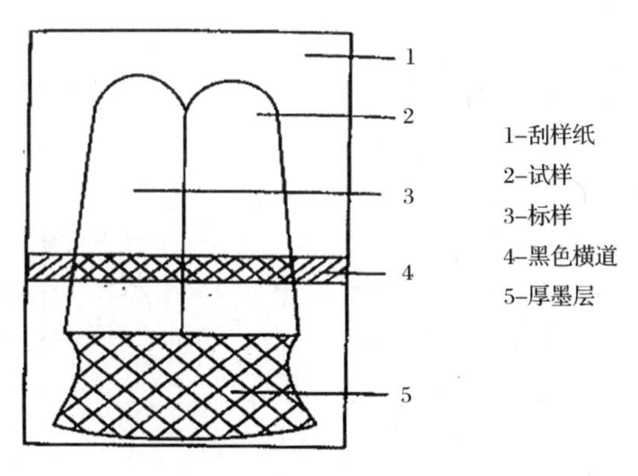

图 1—17 刮样形状示意图

(2)分光光度曲线法

记录油墨颜色最有效的办法应是通过标准光源去照射油墨膜层，然后测出它对不同波长色光的反射率，以色光的波长为横轴,反射率为纵轴,将所测数据标注在坐标系中,并将所测点连带成一条光滑的曲线,从而得到所测油墨的分光光度曲线。分光光度曲线能够精确地描述颜色的三个基本属性。

7.常用的胶印油墨有哪些?

书刊印刷常用的胶印油墨主要有:单张纸胶印油墨和卷筒纸胶印油墨。其主要类型和应用情况及注意事项见表1—6。

表1—6 常见胶印油墨应用情况及注意事项

		主要应用情况及注意事项
单张纸胶印油墨	普通型树脂胶印油墨	适用于3000～5000 r/h的单、双色机或多色机,可用于书写纸、胶版纸、铜版纸等纸张的印刷。由于氧化结膜仍是普通型树脂油墨的主要干燥方式,所以印刷速度不能太快,多色印刷时,应在油墨中加入约2%的催干剂。该油墨可以用调墨油或稀释剂来调整黏度和流动性。通常6号调墨油即可较好调墨,剂量最大不超过8%,而稀释剂的用量不宜超过2%。该油墨印刷后的半成品背面易粘脏,故半成品堆码不能过高。
	亮光型树脂胶印油墨	亮光型树脂胶印油墨简称胶印亮光墨,适用于3000～5000 r/h的单色、双色胶印机,可用于铜版纸等涂料纸和白板纸印刷。该油墨具有较好的印刷适性,印后固着迅速、光泽高、颜色鲜艳。该油墨干燥性与普通型树脂油墨相似,在使用催干剂、调墨油等时,剂量可参照普通型树脂胶印墨的调配情况。使用该墨印刷时,尤其应注意防止印刷品背面粘脏,通过控制好半成品的干燥时间来解决叠印中墨膜晶化现象。
	快干型树脂胶印油墨	该油墨简称快干油墨,适用于8000 r/h以上速度的印刷机,其固着时间通常为5～10分钟,结膜时间通常为2～8小时,其他技术指标大部分参照胶印亮光墨。
	快干亮光型树脂胶印墨	该油墨适用于8000～15000 r/h的印刷机,主要用于涂料纸、玻璃卡纸等高级纸张的印刷;所印产品颜色表现力强、色彩艳丽、光泽度好、图像网点清晰;有良好的印刷适性:机上稳定性好、油墨转印好、适用于多色快速印刷、印后干燥固着迅速。

续表

		主要应用情况及注意事项
卷筒纸胶印油墨	非热固型轮转胶印油墨	该油墨不需要加热处理即可快速固结在纸面上。轮转墨又分为高速、中速和低速油墨，高速轮转墨适于40000～50000 r/h的高速印刷，中速轮转墨适于25000～35000 r/h的中速印刷，低速墨适于25000 r/h以下的印刷速度。油墨以渗透干燥为主，其着色力和表现力一般。原墨通常不需要添加辅助剂即可上机印刷。
	热固型轮转胶印油墨	该油墨在印刷到纸张上后需要加热处理才能快速干燥和固结在纸张上。热固型油墨适于高级胶版纸、轻涂纸、铜版纸等结构较紧密或纸表进行涂布处理的纸张。油墨以溶剂挥发干燥为主兼部分渗透干燥，当油墨经过200℃～250℃的烘烤，其90%以上的溶剂将会挥发掉。正常印刷的条件下，热固原墨也不需要添加辅助剂即可上机印刷。

8.油墨辅助剂的作用是什么？

油墨辅助剂主要有去黏剂、稀释剂、防蹭脏剂、干燥调节剂、冲淡剂、罩墨油、调墨油、防潮油、耐摩擦剂等。为改善不同油墨的印刷适性以适应相应的纸张材料的印刷，在印刷前，需要在油墨中相应加入一定量的油墨辅助剂。

9.去黏剂的作用是什么？

当印刷中发现纸张纤维结合力较差，易出现拉毛、掉粉，以及铜版纸的涂料层易与原纸分离，出现剥纸现象时，即可在油墨中加入适量的去黏剂，但当加入量达到油墨的2%以上时，油墨本身的干燥性会受到明显影响，故还需加入适当的催干剂以确保油墨的正常干燥时间。由于去黏剂的使用会使墨层加厚，同时还会使印刷品表面出现油墨晶化，故多色印刷中一般不使用去黏剂来调节油墨的黏度。

10.稀释剂有哪些类型？

按作用和组成分，稀释剂可分为油脂型、树脂型、矿物油型和溶剂型4种类型。油脂型稀释剂通常称为油型调墨油，根据其黏度的不同，分为0号到6号共7个品种。因6号的黏度最小，故印刷中常用的稀释剂为6号调墨油。为取代6号调墨油，树脂型稀释剂应运而生，因其黏度略高，故其用量应控制在2%～8%之间。因矿物油型稀释剂具有的渗透性，故常用于树脂型胶印油墨中的稀释调节。为加速凹版印刷、塑料印刷及柔性版印刷的油墨挥发性，使印刷油墨快速干燥，油墨中通常需加入溶剂型稀释剂。

11.防蹭脏剂在印刷中的作用是什么?

印刷过程中，一张印刷品正面上的油墨有时会蹭脏到另一张印刷品的背面上去，而堆放在一起的印刷品也可能出现相互粘连的现象，故印刷中的防蹭脏剂的应用十分有必要。目前，常采用喷雾法使用防蹭脏剂，喷雾法又分为喷粉和喷液体两种，均是在印刷过程中通过喷雾的方式喷洒到纸张上，使纸张上的油墨快速干燥固结。另外，也有一种液状防蹭脏剂，它主要由有机硅油、香蕉水、松节油和二甲苯组成。印刷前先把这种防蹭脏剂加入油墨中，印刷时就有一些挥发性物质挥发出来，而使硅油析出留在墨层表面，这样即可起到防止印刷品相互蹭脏的作用。

12.常用的干燥性调整剂有哪些?

干燥性调整剂是促进或延缓油墨干燥速度的油墨辅助剂，分别为催干剂和止干剂。催干剂即常说的干燥剂或燥油，其加入油墨中有加速油墨氧化聚合干燥。催干剂通常有红燥油和白燥油两种，油墨加入红燥油后，印后的墨层干燥方式是由外到里的干燥，因而适合加到深色墨中催干，以免印刷品出现明显相互蹭脏。而白燥油加入油墨，后印后的墨层干燥方式正好相反，是由里向外的方式干燥，因而比较适合加入浅色油墨中催干，这对浅色墨的色相无影响。

止干剂又称为反干燥剂、抗氧化剂和抗干燥剂。当油墨干燥速度过快，或在中途需要长时间停机时，即可将止干剂喷洒在印刷机的胶辊上。

13.冲淡剂的主要作用是什么？

冲淡剂主要用于调配浅色油墨，包括透明油、亮光浆、白墨等。使用透明油对油墨冲淡时应注意随调随用，且需要单独放置。亮光浆适于调配高档浅色树脂胶印油墨，还可作表面上光使用。白墨也可作冲淡剂使用，调配后的浅色墨具有良好的遮盖力，但容易导致印刷故障，故常与亮光浆配合使用。

14.如何进行专色墨的调配？

为了确保某一颜色的印刷稳定性，甚至是为了降低成本且又能使图书印刷美观漂亮，出版物印刷中常有专色印刷的要求。印厂可向油墨厂商定制标准专色油墨，但也常因批量小、成本高、浪费大、时间长和不经济等因素而使这一方式难以执行，而对于大量非标准专色油墨，几乎不便购买，因而，印厂自己调配专色油墨印刷是极普遍的现象。

印刷厂常见配色法有经验配色法和色谱配色法两种。经验配色法主要依靠印刷师傅根据专色墨的要求而进行的依靠主观经验判断的配色方法，这对师傅的要求极高，同时也易导致配色失败而造成不必要的浪费。色谱配色法相对简单也便于工厂操作，但往往配色后的效果与色谱的参考色有一定差异，原因是色谱的色彩效果是四色叠印后呈现的，而调配成的专色是单色实地印刷效果，同时色谱制作时的四色油墨品牌、产地等也与调配时实际采用的油墨不一致。因而，色谱调色需要注意以下几个方面：

（1）为确保印刷适性，专色墨应用同一类型甚至同一品牌的油墨进行调配。

（2）应先调配专色墨小样，待与印刷的专色墨色基本一致后记下比例再扩大调配量。

（3）调配时应尽量使用搅拌机，以确保调色的油墨能充分搅拌均匀。

（4）调配后若出现专色偏色情况，应采用补色法加以纠偏。如偏红则可加入少许绿色墨纠偏，若偏紫了可加少许黄色墨纠偏等。

（5）调配深色专色墨与浅色专色墨方法并不一样。调配深色墨时应将深色中的主色墨称取一定比例后倒入容器中再逐渐加入辅助色墨搅拌均匀，而调配浅色墨则是在减淡剂中逐渐加入原色油墨搅拌均匀。

（6）调配专色墨的量应比实际需要量适当多出部分，否则再次调配油墨极可能导致色相不一致。

15.什么是 PANTONE（潘通）油墨？

PANTONE 油墨即专色油墨，其颜色是由美国标准认证的色彩，它将颜色以数字的方式进行统一描述，如 PANTONE 252 C、PANTONE 252 U 等，且具有极高的色浓度和色纯度，印后产品颜色色彩一致、纯正、鲜艳。因其对专色的标准化管理，故极大地方便了出版物及包装物品的专色印刷，也便于客户与设计师及印厂间的专色使用方面的沟通，尤其是对于连续出版的期刊或系列图书，尽管在不同时间印刷，其专色印刷效果能保持高度一致。

对于不同纸张，PANTONE 油墨也分别提供了不同的方案，其对应的色卡分别有 C 系列、U 系列，其中 C 系列为油墨印在光面铜版纸上的效果，而 U 系列为油墨印在无光胶版纸上的效果。因此，对于不同纸张的印刷效果，在选择色卡时就应特别注意。

新版本 PANTONE 油墨色卡 GP1601 比原版新增了许多新色彩，按色谱顺序进行全新排列，共有 1755 种专色，选用非常方便。

四、平版印刷中的橡皮布和润版液

1.橡皮布的作用是什么？

橡皮布即胶印机上转印滚筒的包覆物。在间接平版印刷中，需要将来自 PS 版上的图文信息转移到承印物上，这就需要橡皮布来完成印版和承印物之间的中转作用。

2.橡皮布如何进行分类？

橡皮布通常由表面胶层、弹性胶层和织布层组成。橡皮布按结构分，有普通型橡皮布和气垫型橡皮布；按用途分，有转印用橡皮布和压印滚筒衬垫橡皮布；按印刷机分，有单张纸印刷机橡皮布和卷筒纸印刷机橡皮布。

3.橡皮布有哪些规格？

橡皮布的规格可从三个方面描述：包装形式、尺寸、厚度。包装形式有平板状和卷筒状两种。平板状的尺寸是指其长和宽，而卷筒状是指其幅宽。橡皮布的厚度一般在 1.6～1.9mm 之间，主要根据印刷机滚筒间距和衬垫高度来设定。

4.橡皮布的主要性能有哪些?

(1)平整度

通常用千分尺测量橡皮布的中心部位和边缘部位,测量结果之差小于0.04 mm的即认为平整度较好。如果平整度差,就会造成印刷压力不均,进而出现墨色不匀,网点变形,图文模糊不清等问题。

(2)表面光滑度

橡皮布表面不宜过分光滑,否则易产生吸墨性差、吸附纸毛等问题。在印刷一段时间后,若出现橡皮布表面极光滑的情况,应用清洁剂把表面的那层亮膜清洗掉,以便使橡皮布表面保持无数的细小砂目。

(3)硬度

橡皮布的硬度应适中,过硬的橡皮布印刷质量相对好,但易导致印版磨损严重。一般,印短版件可选择较硬的橡皮布,长版件则要避免使用过硬的橡皮布。而过软的橡皮布虽对印版影响小但易导致印刷网点质量不好。

(4)厚度

根据不同印刷方式和机型,橡皮布的厚度要求也不一样,转印橡皮布的厚度通常在1.6～1.9 mm之间,而衬垫橡皮布的厚度一般在0.5～2.6 mm之间。

(5)抗张强度

抗张强度是指橡皮布在张力的作用下抵抗拉伸变形的能力。抗张强度不足的橡皮布,易在张紧状态下突然断裂,有的会在滚筒的滚压周期内不能瞬间恢复弹性,以至于增加压缩形变量就会被扯断。橡皮布的抗张强度可采用橡胶抗拉实验仪来测定。

（6）伸长率

伸长率是指橡皮布在一定拉力作用下被扯断时所伸长的长度与原长度的百分比。一般要求橡皮布的伸长率不超过2%，否则易导致图文印刷中的网点不够清晰完整和套印精度不符合要求。

5.橡皮布应具备哪些印刷适性？

橡皮布的印刷适性主要是指橡皮布与其他印刷材料以及印刷条件的匹配性，以适于印刷作业。橡皮布的印刷适性主要包括以下几个方面：

（1）拉伸变形性

拉伸变形性是指橡皮布在拉力的作用下产生形变的能力，主要表现在受力方向上的长度增加、横向尺寸的缩短和厚度的减小。

（2）回弹性

回弹性是指橡皮布在去除外力的作用下恢复到原来状态的能力，即瞬间复原性。当橡皮布回弹性变差时，应及时更换新的，否则易导致橡皮布表面无法正常吸附和传递油墨，以至于出现前后印刷墨色不匀等问题。

（3）吸墨性

吸墨性是指橡皮布在印刷压力作用下表面吸附油墨的能力。通常，橡皮布成型前需要精磨处理，使其表面获得一定的砂目，以增强表面的吸墨性。长时间使用后，橡皮布表面就会形成一层亮膜，这极不利于油墨的吸附，所以应定期将这层亮膜清除掉。

（4）传墨性

传墨性是指橡皮布在印刷压力的作用下，将油墨转移到承印物表面上的能力。传墨量在印刷过程中是递减的，当然，橡皮布的传墨性还与印刷压力、印刷速度、纸张表面情况以及橡皮布本身情况有关。

(5)剥离性

剥离性是指在印刷压力作用下,橡皮布与纸张等承印物间的剥离能力。在橡皮布与纸张等的剥离过程中,由于存在剥离张力,所以时有引起纸张伸长或起皱、拉毛甚至纸块剥落现象,在选用橡皮布时,需要考虑其剥离性。

6.常用的橡皮布有哪些类型?

常用的橡皮布主要有两种类型,即普通型橡皮布和气垫型橡皮布。

(1)普通型橡皮布

常用于一般书刊和图书印刷,有时也用于普通彩色图片和包装纸盒的印刷,印刷的图文通常为色块或线条,故普通型橡皮布又称为实地型橡皮布。

从结构和组成上看,普通型橡皮布有 3～4 层,由表面胶层、弹性胶层和织布层组成,厚度在 1.8～1.95mm 之间。

性能和特点上,普通型橡皮布具有良好的弹性和瞬间复原性,吸墨性也较好,但在动态压印状态下,易出现"凸包"现象,容易使网点和印迹发生位移及变形。

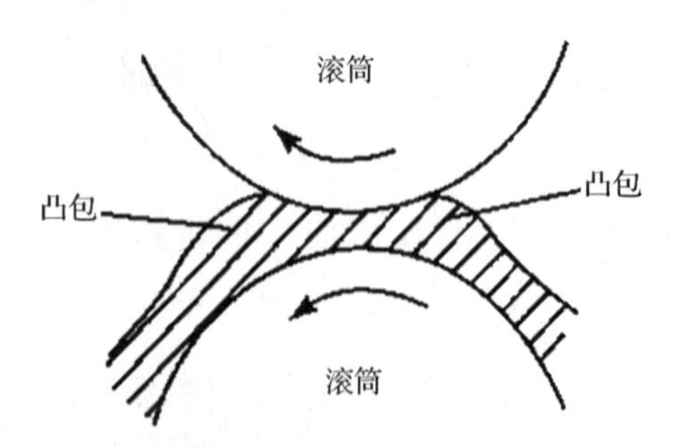

图 1—18 普通型橡皮布受挤压出现的"凸包"现象

普通型橡皮布的规格通常有1220 mm×1220 mm、915 mm×915 mm、710 mm×680 mm等。表面颜色有蓝色或绿色等。

普通型橡皮布主要适用于速度在10000 r/h以下的单张纸单双色印刷，与普通PS版、树脂型普通或亮光油墨、普通胶版纸及涂料纸相匹配使用。

(2)气垫型橡皮布

气垫型橡皮布是一种高级橡皮布，常用于印刷精美画册、艺术图片、彩色书报刊，以及要求较高的商标和包装。

从结构和组成上看，气垫型橡皮布由表面层、气垫层、弹性胶层和纤维织布层组成，厚度在1.65～1.90 mm间，如图1－19所示。由于气垫层是由0.40～0.60 mm的微球体组成的，故这种气垫型橡皮布具有良好的可压缩性。

同时，气垫型橡皮布还有优良的吸墨性、传墨性和抗酸性，对印版的磨损极小，使其发生的形变的外力撤除后能瞬间还原。气垫型橡皮布在印刷过程中形变小，不出现“凸包”现象，印刷网点还原性好，能适应多种规格的产品印刷。

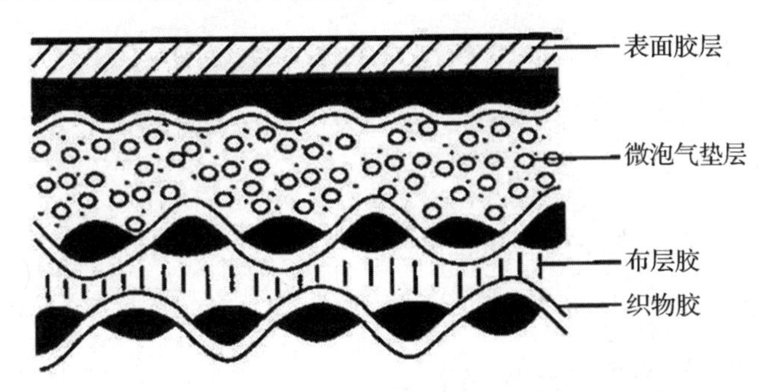

图1－19 气垫型橡皮的组成与结构示意图

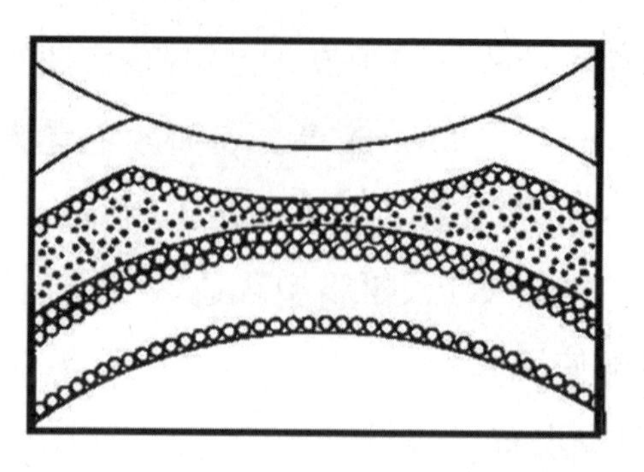

图 1－20 气垫型橡皮布的受压示意图

气垫型橡皮布的规格通常有 915 mm×1050mm、915 mm×915 mm、1200 mm×900 mm 等。表面颜色为蓝色或绿色。

气垫型橡皮布主要适用于速度在 20000 r/h 以下的单张纸或轮转机印刷，可与普通 PS 版、快干亮光型或非热固型油墨、普通胶版纸及涂料纸等匹配使用。

7.橡皮布如何使用和维护？

（1）对于新橡皮布

裁切时要选择正确的受力方向。一般可在橡皮布背面找到标志彩色线或箭头。橡皮布的尺寸须大于衬垫尺寸，以防止油墨及润版液渗透到橡皮布背面。打孔时应注意孔径略小于夹板螺丝的直径，同时应保持两排孔的中心连线与橡皮布背面的标记线垂直。

应正确去除橡皮布表面的防氧化层。可用汽油或浮石粉蘸取的煤油擦拭橡皮布表面。要检查和修正橡皮布的平整性。方法是先印刷实地版，发现低凹处，再通过加衬垫的办法进行纠正。安装时应注意逐步收紧，以消除橡皮布的滞弹性变形。

（2）对于已经使用的橡皮布

使用中应注意压力适中，包衬厚度符合要求，两块橡皮布轮流使用，避免纸张中的砂粒及硬块进入印刷机。使用半年或一年后需及时更换新橡皮布。

注意日常的清洗工作，不让干燥的油墨停留在橡皮布上。停机时间较长时也应及时清洗橡皮布。清洗时双手都用上，边清洗边擦干。自制清洗液应随用随配。其配方为：120＃汽油300 ml；工业酒精125 ml；异丙叉丙酮75 ml；氢氧化钾5.6 g。

长时间不开机时，应取下橡皮布清洗后平铺保存。在搬运存放中，表面层朝里卷放。避免重物挤压变形。单张平放的橡皮布，面对面或背对背放置，并在表面间洒一些滑石粉。不得在橡皮布上用粗糙物或尖锐物体拖动。存放温度应在－35℃～35℃之间，空气相对湿度应小于70％。应远离热源，避免暴晒裸露，不接触油、酸、碱、盐等化学物质。

8.润版液的种类有哪些？

根据成分的不同，润版液主要普通润版液、酒精润版液和含非离子表面活性剂的润版液。使用时将原液用水稀释调配而成。每种润版液有其不同的组成成分。

(1)普通润版液，主要成分为弱酸、弱酸盐、氧化剂、水溶性胶体及有机酸等。

(2)酒精润版液，是在普通润版液加入一定量的乙醇或异丙醇，即制成了酒精润版液。

(3)含非离子表面活性剂的润版液，是指把非离子表面活性剂加入到普通润版液中配制而成的润版液。

9.润版液的作用是什么？

(1)在印版的空白部位形成均匀的水膜，以抵制图文上的油墨向空白部分浸润，能有效防止脏版。

(2)在印刷过程中，由于摩擦等原因导致印版空白部分受到磨损，印版空白部分的亲水性就会逐渐减弱。为了弥补这一点，通过润版液中的电解质与印版裸露出来的版基金属铝逐渐发生化学反应，从而逐渐恢复空白部分的亲水性。

（3）通过向印版供送润版液，在一定程度上控制了供墨系统的温度。印刷机的印刷流程中，在无润版液的状态下，供墨系统中的油墨温度会逐渐升高，油墨黏度下降，出现严重铺展。

10.润版液主要技术参数有哪些?

（1）pH 值

润版液的 pH 值过低和过高都会使印刷产生故障，印版空白部分会出现深度砂目化，甚至会使图文部分也因感光胶的溶解而出现“掉版”现象。pH 值过低，则润版液的酸性过强，会使油墨的干燥时间延长，易导致印刷品背面蹭脏，印刷品叠印时效果较差。而 pH 值过高，又会加剧油墨的乳化。因而，通常调配润版液的 pH 值最好在 5～6 之间。当然，为了增加和减弱油墨的黏度，对于不同纸张，润版液的 pH 值控制也应区别对待，即非涂布纸（双胶纸、书写纸、轻型纸等），因纸张掉毛掉粉较重，需要减弱油墨黏度，故润版液的 pH 值可适当降低一些。相反，润版液的 pH 值可以高一些。而对于实地版的印刷，润版液的 pH 值就可低一些，网点版的印刷，其 pH 值就可高一些。

（2）电导率

电导率是电阻的倒数，其高低可以间接表示润版液中离子浓度的高低。由于在调配稀释润版液的过程中，通常是往润版液的原液中加入自来水进行调配稀释的，而自来水中又含有一定量的钙、镁离子，即自来水自带一定的硬度，于是润版液也表现出一定的硬度。当硬度过高时，就会严重影响印刷作业，如沉积物在湿润系统中出现堆积，严重影响润版液的正常传输；如沉积物在供墨系统堆积，就会严重阻碍油墨的传递，造成印版图文部分发花，空白部分起脏。为确保润版液的硬度值不能过高，可在调配润版液时用软化水代替自来水。同时，须经常检测润版液的电导率，即检测其离子含量情况，以监测润版液硬度值的变化。

（3）表面张力

实验表明，表面张力略大于油墨的润版液，即可用较少的水量实现平版印刷的水墨平衡。由于普通润版液在调制中加入了电解质，从而增加了其一定的表面张力，这就有必要通过在润版液中加入一定量的乙醇或非离子表面活性剂，以达到适当降低润版液张力的需要。

（4）油墨乳化

由于印刷过程中，油墨和润版液同处于印版上，不可避免出现相互作用，进而形成“乳状液”。油墨适度乳化有利油墨的正常转移，但应防止油墨过度乳化。经实验得知，对于不同的油墨，在印刷中对水分的摄入量也是不同的，青墨摄入量最大，黑墨摄入量最小。为此，应对不同油墨控制好润版液水量大小，以防止油墨出现严重乳化现象。

五、胶辊

1.胶辊的分类有哪些？

按辊芯结构分，有重型和轻型胶辊。

按辊面材料分，分别有橡胶、塑料、尼龙和合成树脂胶辊。

按胶层硬度分，有硬质和软质胶辊。

按工作性质分,有输墨用和润湿用胶辊。

按机型分,有打样机和印刷机胶辊。

2.胶辊的规格参数有哪些?

(1)直径

因印刷机的机型差异而有不同的变化,同一机型的同一类胶辊直径也存在差异,通常误差不超过 0.5 mm。

(2)长度

是指胶辊面胶长度,国产全开机长度 1250 mm,对开机长度 910 mm,四开机长度 650 mm。

(3)厚度

与辊芯的直径和胶层结构尺寸有关。通常辊芯直径在 40～60 mm 时,胶层厚度在 10～25 mm。

3.胶辊有哪些基本性能?

(1)外观性能

胶辊外观为标准的圆柱形状,不应出现弯曲、偏心、变形等现象。胶辊表面光滑细腻,手触无粗糙感,同时表面洁净、无气泡、无针孔、缺胶、杂质、裂纹、损伤、凹塌及凸起等现象。

(2)物理化学性能

胶辊应具备良好的机械精度、硬度、强度、回弹性和耐磨性能,以确保正常的传墨传水。同时胶辊还应能抵抗外界的化学溶剂、光照、热量和温湿度的变化而不发生显著变化。

(3)印刷性能

胶辊是用于传墨传水的,在印刷机的整个印刷过程中,胶辊必须能适应相应的印刷方式、印刷环境、油墨及纸张材料,以满足印刷的需要,因而应具备良好的亲墨性、转移性、弹塑性、耐磨性等基本的印刷性能。

4.胶辊的主要印刷适性是什么?

(1)湿润性

胶辊的湿润性即胶辊与油墨或润版液接触时,其表面被液体或墨膜浸润的能力。在具体使用中,出现表面硬化、龟裂等自然老化时,胶辊的湿润性将大大降低,这非常影响胶辊对润版液和油墨的传递转移能力。

(2)传递性

胶辊的传递性是指胶辊对油墨、润版液的吸附、传递和转移的能力。墨层通过胶辊间隙后,即在两个胶辊间对等分离。通过控制辊间接触压力和宽度,即可保持油墨在胶辊间稳定的传输。传墨胶辊的表面状态、弹性、硬度以及油墨的流动性因素,均影响胶辊对油墨的传递性。

(3)耐气候性

胶辊的耐气候性是指胶辊耐抗外界温度、湿度及摩擦生热而保持自身物理化学性能的能力。在印刷过程中,不可避免会使胶辊摩擦生热,而机器长时间运转会加速胶辊胶层老化、软化,进而改变外形和尺寸。通常,胶辊的工作温度在20℃~70℃间,若温度过低也会使胶辊胶面硬化而失去弹性。

(4)耐磨性

胶辊的耐磨性是指胶辊在印刷过程中抵抗磨损而保持自身物理化学性能的能力。因印刷过程中的摩擦磨损,致使其外形及尺寸发生变化,进而影响其传递性能。耐磨性与胶层材料有关,通常聚氨酯橡胶的耐磨性总体好一些。而耐磨性还与工作温度有关,低于15℃时,用天然橡胶做的胶层耐磨性较好,而高于 15℃时，丁苯橡胶做的胶层耐磨性较好。

5.常用的胶辊有哪些？

(1)橡胶胶辊

单张纸和卷筒纸胶印机湿润系统的传水辊、润湿辊和传墨辊、匀墨辊及着墨辊等主要为橡胶胶辊。其结构为三层，辊面有一定的粗糙度、黏性和爽滑性，弹性好，机械强度高，耐油、耐溶剂、耐气候性好，形稳性好，但清洗有点困难。由于其硬度好，故在印刷时易对印版造成较大磨损，同时也影响油墨的转移性，老化速度快。使用时应注意避免阳光直射和高温烘烤，也不应在低温环境中使用，故需要保持车间的正常温湿度。

(2)聚氨酯胶辊

聚氨酯胶辊应用于平版印刷主要是输墨系统的着墨辊和匀墨辊。辊面为单层或双层，而双层中的里胶层通常为再生时留下的橡胶层或聚氨酯胶层。辊面光滑细腻，具有良好的柔韧性和黏性。其弹性良好，机械强度高，耐气候性好，耐磨性好，印刷性能稳定，也便于清洗。

6.如何正确选择胶辊？

(1)平版印刷用胶辊

大多采用天然橡胶辊，适合快固着油墨，但其表面黏度不够好，承载油墨能力有限。若印刷大面积实地版和网目调，则宜采用聚氨基甲酸酯胶辊。

(2)柔性版印刷用胶辊

通常采用天然橡胶辊或合成橡胶辊。

(3)凹版印刷用胶辊

通常采用天然橡胶辊，但清洗较不易且易发黏。

7.使用胶辊时要注意什么？

(1)印前胶辊要安装好，不得出现摆动摇晃，以免产生磨损过大。

(2)要调试适当的压力，以确保辊间的正确传墨和匀墨。

(3)印刷停止时，应及时使胶辊与印版脱离，以防止静压变形，且应及时清洗表面油墨。

(4)注意油墨中不得含有损坏腐蚀胶辊的溶剂。

8.如何对胶辊进行保养和维护？

(1)在印刷机上安装胶辊应注意顺序和牢靠程度，不得出现滑动，否则易损坏胶辊。取下时也应轻拿轻放。

(2)注意胶辊间的压力适中，并在胶辊长度方向上均匀受力。

(3)不得用尖锐的刀具或工具在胶辊上铲墨。

(4)及时清理胶辊上滞留的纸毛纸粉。

(5)应控制好车间温度和湿度，以免胶辊弹性变化过大。

(6)印刷结束或长时间停机应及时清理胶辊上的油墨并取下妥善保存。

(7)存储时应远离热源，避免光照直射，并将胶辊用纸或塑料薄膜包裹好。

(8)应尽量平放，不得挤压，以免胶层变形。

(9)长时间存放的胶辊应在 2～3 个月交换一下存放方向，并在胶辊两端的金属部位涂上黄油，以免长时间保存金属生锈。

(10)禁止与酸、碱、油及溶剂等物质接触。

(11)按需要及时购买，不存储过多胶辊，以免出现自然老化。

六、胶片和印版

1.胶片的感光原理是什么?

印刷用胶片通常是银盐感光胶片,即我们常说的菲林,由PC/PP/PET/PVC材料制作而成。胶片曝光前通常为黑色或灰色,其一面为药膜面。在胶片的药膜面中,即胶片的明胶层中,悬浮着可进行光敏反应的卤化银颗粒。

胶片经过曝光,胶片明胶层的卤化银便发生化学反应,形成胶片中的潜影像。再将胶片通过显影液的显影处理,胶片则产生明显的影像。而未曝光部分则通过定影液的处理,随着水洗而清除去,呈现浅灰色或透明。

2.胶片的种类主要有哪些?

用于印刷的胶片,根据照排机的输出需要,常见的有两种轴心大小,小轴心为2.0英寸(约51 mm),大轴心为2.8英寸(约71 mm);按药膜面的卷向,有内卷式和外卷式两种,以适应不同照排机的需要。

根据制版和用途的不同,胶片还有正片、负片及反转片等种类。正片是用来印制照片、幻灯片和电影拷贝的感光胶片的总称。它能把胶片上的负像印制为正像,使影像的明暗或色彩与被摄物体相同;负片是经曝光和显影加工后得到的影像,其明暗与被摄体相反,其色彩则为被摄体的补色,它需经印放在照片上才还原为正像;而彩色反转片则是一种经过反转冲洗后直接得到彩色透明正像的胶片。

3.胶片的质量标准是什么?

对于胶印而言,制成有网点的胶片,其网点中心的密度值应比透明胶片的密度值(片基加灰雾)高2.50。而透明网点中心的透射密度值不得高于透明胶片的密度值(片基加灰雾)0.10以上。透明胶片的密度值(片基加灰雾)应不高于0.15。

胶片上网点不应有明显的碎裂,网点边缘宽度不得超过网线宽度的1/40。为使印刷的各色版曝光量一致,各色版的胶片透明密度值差异不应超过0.10。胶片版面应清洁无划痕、脏迹和折痕。

4.如何使用和保存胶片?

胶片是印刷制版的母版,使用前应注意检查是否有折痕、脏迹及粘连等现象;在晒版制版中,应避免尖锐工具和桌柜棱角划伤,并保持胶片正反面干燥清洁;在传递取拿胶片中,应轻拿轻放,对卷曲包装的胶片勿用重物挤压其上。

对于使用后的胶片应及时整理保存。对于气候潮湿的地区,需要用密封袋封装胶片,并在胶片间分别夹放一张打字纸,避免胶片受潮后相互粘连。整理存放胶片时,确保胶片膜面朝里,以防止胶片上的图文信息被划伤。胶片存放室应通风排气,避免阳光直射。

5.什么是PS版?

"PS"是英文"Presensitized"的缩写,PS版是将感光胶预先涂布在版基表面上所制成的一种印版。1950年,由美国3M公司(Minisota Mining & Manufacturing Company)首先开发。

PS版由版基、空白基础和感光层组成。PS版版基为金属铝。空白基础为版基经砂目化处理后的亲水部分,保湿性好,坚硬耐磨。感光胶层为预涂层，具有良好的亲油疏水性、耐磨性和耐酸性。感光胶层感光分辨率高，网点还原性好，吸墨传墨性能优良。

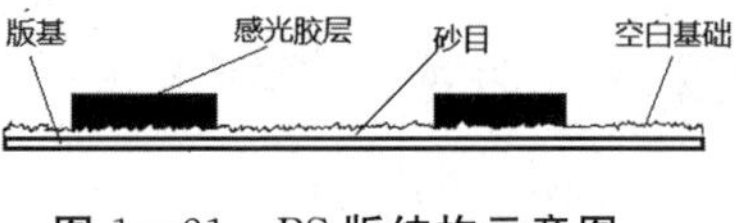

图 1－21 PS 版结构示意图

6.如何制作胶印 PS 版？

PS 版有阳图型和阴图型之分。阳图型 PS 版的制版是用阳图胶片晒版，即非图文部分的感光层经曝光后分解，再经显影液溶解去除，便露出版基即带砂目的空白基础，留在版基上的感光层即为图文部分。阴图型 PS 版的制版过程正好相反。胶印中常用的是阳图型 PS 版。

7.小胶印印版有哪些特性？

小胶印印版常选用氧化锌纸基印版，通过直接静电制版可得。氧化锌纸基印版由感光层、预涂层、纸基层和背涂层组成。氧化锌纸基印版制版简单，操作方便，制版速度快，成本低廉，但耐印力差，一般只能印刷 1000～2000 份，且分辨力低，印刷效果较差。

8.CTP 版的种类及特性有哪些？

CTP 版即应用计算机直接制版技术（Computer to Plate），将图文信息通过计算机直接发送到制版机上，并在 CTP 版材上直接成像，经显影冲洗后形成可供印刷的印版。

按成像原理，CTP 版目前分为 3 类，即光敏型 CTP 版、热敏型 CTP 版和喷墨型 CTP 版。光敏型 CTP 版又分为银盐扩散型和光聚合型 CTP 版。热敏型 CTP 版又分为热熔解型和热交换型 CTP 版。而喷墨型 CTP 版则分为 PS 版型和裸版型喷墨 CTP 版。

与 PS 版比较，CTP 版的制版过程中，不需要胶片晒版，故而信息传递环节少，传递损失小，对印刷高精度产品有较好的保证。而在整个制版过程中，因环节的减少，印刷成本也会有一些下降，印刷周期也能得到一定的缩短。不足之处在于因不再输出胶片，质量检查只能通过印刷后的大样来核对付印清样，故而相对较困难一些。另外，一旦印刷中发现 CTP 版有损伤，若印刷厂没有 CTP 制版机，则重新补制 CTP 版也会费时费力。

9.柔性版的种类及特性有哪些？

柔性版主要有橡胶柔性版和感光树脂柔性版，而现在大多使用感光树脂柔性版。感光树脂版根据感光前树脂的状态可分为固体树脂版和液体树脂版两种。

固体树脂版是预制柔性版材，制版操作简便，印刷分辨率及原稿再现较好，适于印刷质量较高的包装物、商标、装潢等彩色印刷品。

液体树脂版成本低，制版也简单，比固体树脂版制版时间更短，容易冲洗，但分辨率低，适于印刷质量不高的塑料、报纸、书刊、信笺、表格、笔记本等单色印刷品。

10.丝网印版的组成、使用及保养是怎样的？

丝网印版由丝网、版膜和网框组成。要求丝网要薄且强度高，伸缩性小，网孔均匀。版膜即感光胶膜，版膜质量直接影响印刷效果。网框要能满足绷网张力的需要，要坚固耐用，轻便价廉，耐水耐溶剂。丝网印版应正确使用和适当保养。

（1）在绷网时，应注意张力均匀适度；

（2）印刷时，应注意刮墨板的刮墨角度和压力，一般选取 60°～80°角；

（3）要注意承印物与网版的距离，不宜过大，否则会影响网

版的回弹和印刷套印精度;

(4)丝网版使用后应立即清洗印版上的残留物及油墨;

(5)丝网版应保存在干燥通风处,不宜堆码过高,以免重压变形。同时也应注意防尘防潮,避免油污。

11.凹版的结构及特性有哪些?

凹版外形通常是制成的金属滚筒。其制作过程是在金属钢管的外层镀上镍后,再在镍上镀上一层铜,然后在铜表面雕刻信息,再镀上一层铬,即完成制版过程。

凹版的结构由里向外由 4 层组成:辊体、镍层、铜层和铬层。如图 1—22 所示。辊体是凹版滚筒的支撑体,镍层增强铜层与滚筒的结合力,铜层是印版的图文基础,可刻录图文信息,铬层是为了提高印版的表面硬度和耐磨耐印性能。

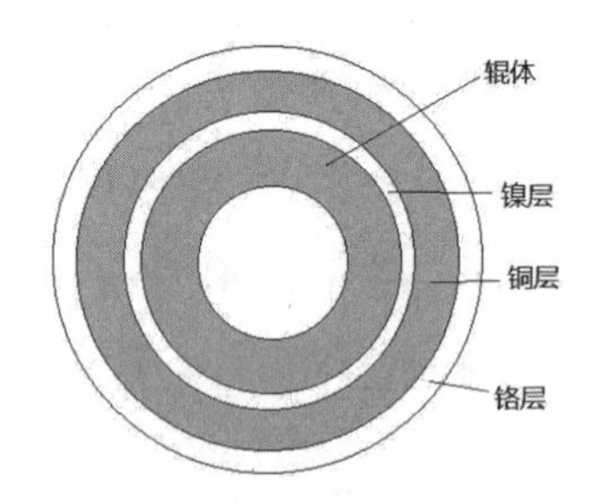

图 1—22 凹版滚筒结构示意图

凹版与其他印版相比,耐印力相当高,一般能达到 100 万印以上,同时也有以下特性。

(1)网穴。凹版的图文部分是由大大小小的网穴(凹孔)组成,网穴内储墨多少将影响印刷品的层次和密度情况。电子雕刻的网穴呈“V”形,激光雕刻的网穴呈“U”形。目前,凹版制版以激光雕刻为主。

(2)网墙。为了避免刮墨刀将网穴中正常的油墨部分刮走,在凹版制版时在网穴间形成了“网墙”

图 1－23　凹版网墙与网穴示意图

(3)网穴形状。有三种，方形网穴、扁菱形网穴、菱形网穴。

(4)网穴角度。为了防止“龟纹”的出现，网穴也有几种角度。常见的网穴角度有：30°、45°和 60°。

(5)网穴线数。方形网穴线数一般有 50 线/厘米、60 线/厘米、70 线/厘米。激光雕刻的网穴线数变化幅度较大，一般在 30～100 线/厘米不等。

第二部分 出版物印刷

一、图像输入技术

1.扫描作业前应该对扫描仪和稿件进行哪些处理?

(1)扫描仪要预热

若想获得更好的结果,应提前30分钟打开扫描仪的电源进行预热处理。有些扫描仪在没有达到正确的温度时,能自动提醒,并且执行预热程序,直到完全准备好为止。

(2)擦除污点和指纹

不要使用面巾纸,因为面巾纸是由纸浆做成的,会非常细微地划伤平台扫描仪上的玻璃片或滚筒扫描仪上的滚筒,或在胶片和印刷品上留下痕迹。可以用一次性的特制棉布擦净玻璃,轻轻地擦除待扫稿件上的灰尘。留在胶片上的指纹是不能直接擦除的,可以从摄影器材商店购买一种清洁液,但绝对不能用水。

(3)平整要扫描的材料

有人认为如果扫描原稿没有垫平可以在稍后的图像处理软件中修整,那将大错特错,因为扫描没有卷曲的正方形材料要比稍后使用软件修整更容易些,结果也更好一些,若使用软件修整会降低图像的清晰度和质量,因此一般要求将扫描原稿垫平扫描。

2.如何对扫描仪进行颜色校准?

不同扫描仪厂家生产的产品都有其独特的色彩校准系统,如:MICROTEK 的 DCR 动态色彩校准软件,爱克发的 FotoTune 色彩管理软件,清华紫光的 ImageCalibration 色彩管理软件等,通过这些色彩管理软件,自动进行色彩补偿,有效地解决了扫描图像的色彩失真问题,从而使扫描得到的图像有最佳的色彩效果。扫描仪色彩管理软件的使用很简单,以 DCR 为例,首先将 MICROTEK 提供的标准色表 Agfa -IT8(用于扫反射稿)和 KODAK Q-60(用于扫透射稿)放在扫描仪中,执行 MICROTEK CALIBRATION 程序,再选择 CALIBRATE 按键启动 DCR 彩色校正系统,就可完成操作。当以后扫描一般图像时,只要简单地查看是否选中 DCR,一经选中后,DCR 就会自动的应用在所有扫描的彩色图像中。

3.如何创建平面扫描仪的 Profile 文件?

首先选择平面扫描仪标准色标,目前常用的色标系列是 Kodak、Fuji、Agfa 的 IT8 系列,色标由 264 个色块组成,代表了整个 CIE LAB 颜色空间的采样,底部为 23 级中性灰梯尺。在生成扫描仪 Profile 特征文件时,需要关闭所有扫描软件里面的色彩管理功能,不要使用任何内嵌的色彩特性文件。创建时先由扫描仪在测试状态下进行扫描，将扫描仪产生的色标上的每一块的 RGB 值与原标准色标测量的 L* a* b* 值进行比较。建立一个扫描仪的转换表，转换表实质是一个速查表，可用来将扫描仪上生成的 RGB 文件的某一点对照到 L* a* b* 参照颜色空间中。RGB 文件与转换表一起用于色彩管理软件，赋予来自扫描仪的图像实际意义。平面扫描仪的 CCD 光电耦合器灵敏度、滤色片的透光率及光源都会随着时间的推移而有所降低，因此，扫描仪的 Profile 文件要定期创建一次，以保证文件的正确性。

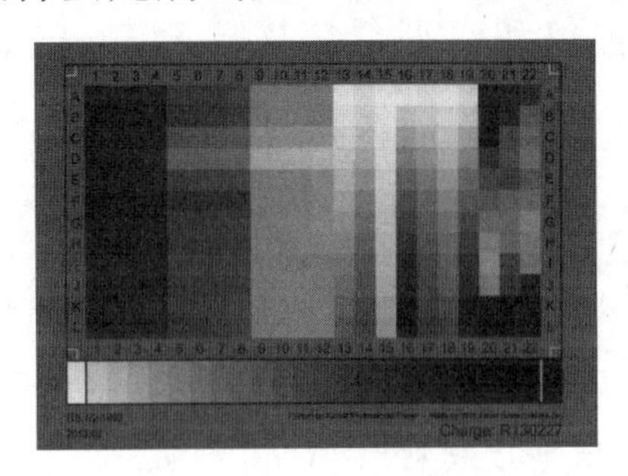

图 2－1 IT8 标准色标

4.平面扫描仪的工作过程是什么？

扫描仪启动后，扫描件不动，安装在扫描仪内部的可移动光源通过扫描仪的传动机构作水平移动，发射的光线投射到原稿上，光线经反射（正片扫描）或透射（负片扫描）后，由光学透镜聚焦并进入分光镜，经过棱镜和红绿蓝三色滤色镜得到的 RGB 三条彩色光带分别照到各自的 CCD 上，CCD 将 RGB 光带转变为模拟电子信号，此信号又被模拟/数字转换器转变为数字电子信号，然后将它送往驻留在计算机中的软件。简单来说，扫描仪的工作过程就是利用光电元件将检测到的光信号转换成电信号，再将电信号通过模拟/数字转换器转化为数字信号传输到计算机中。

5.如何消除扫描透射稿时的牛顿环?

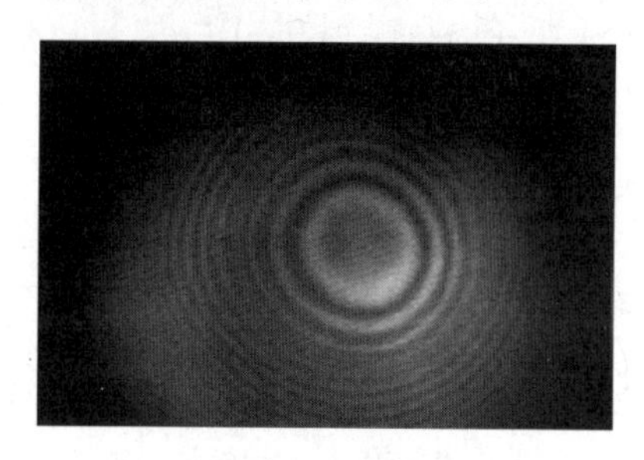

图 2—2 牛顿环

针对滚筒扫描仪和双平台扫描仪而言,扫描透射原稿时,经常会出现牛顿环。清洁扫描滚筒或平台可以减少它的产生。但如果仍然存在,那么就要使用一些特殊的方法,即用装有玉米粉的喷粉器,走到远离扫描仪的地方,将玉米粉从喷粉器中挤出来,让它从空中散开,当大颗粒的粉粒落下后,拿住透射稿的一角,让它穿过喷粉区域,这样空中的细粉就落在稿件上了,以达到消除牛顿环的目的。

6.如何解决扫描过程中龟纹出现在图像特定区域的现象?

当人们拿放大镜观察印刷品时,将会发现任何图案都是由许多很细小的网点按照特定的组合排列而成,这些网点一般有 4 种颜色,即青色、品红色、黄色与黑色。网点的排列规律在扫描的时候会被灵敏的感光组件所侦测出来,于是扫描的结果会让整张图片出现各种纹路,这些纹路在印刷品中称为玫瑰斑,严重时称为龟纹。扫描后,玫瑰斑或龟纹会变得更明显,严重影响扫描图像的品质。

可以采用以下几种方案来避免龟纹的产生:

(1)在扫描软件中去龟纹。几乎所有的扫描界面都有去龟纹的功能,选中这个功能即可。

(2)在 Photoshop 中使用高斯模糊,取值 1,对图片进行模糊处理。

(3)单通道去龟。在 CMYK 四个通道中,Y 通道龟纹最严重,可在 Y 通道中进行单独处理以进一步去除龟纹。

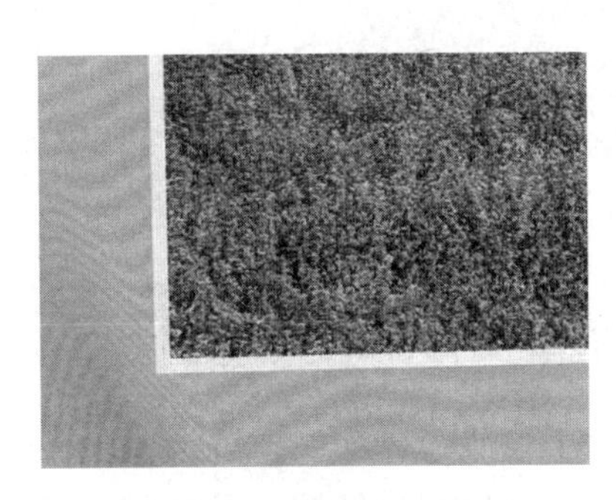

去龟纹前

去龟纹后

图 2—3　去龟纹前后对比

7.图像黑白场定标的原则是什么?

在对原稿的高光区和中间调区进行扫描时,不同的黑白场会产生不同的亮度层次,高光区和中间调区直接影响到图像的层次和颜色,被看作是原稿的基调。只有正确地选择黑白场,扫描后的图像才会非常清晰、色阶分布均匀、层次分明。黑场是指原稿中具有层次的最暗处,但不一定是原稿的最暗处。白场是指原稿中具有层次的最亮处,但不一定是原稿中的最亮处。白场不应选成原稿中已没有层次的最亮处。总体来说,黑白场之间的密度范围涵盖了原稿的所有层次,因此黑白场应选在原稿需要扫描的主体部分。例如,一张彩色照片,包含人物与风景,原则上黑白场应选在人像上,为了突出人物主体,一般不应选在作为背影的风景上。

白场定标原则是:对于曝光正常,密度反差标准的原稿,应把极高光部分定为绝网。对于曝光过度,密度小的原稿,极高光部分网点值应定在3%～5%，以加深亮调层次。对于曝光不足，密度大的原稿，首先将极高光部分定为绝网，其次应提亮中间调，丰富高光和中间调层次。

黑场定标原则是：黑场设定时，选点应尽量选在黑色物体的中性黑部位，并且准确设定网点值。黑场设定时值不能过小，不然会造成图像发灰，也不能过大，太大会使暗调层次并级，一般将网点值定为95%即可。

8.如果用铜版纸印刷，扫描时应该怎样确定黑白场？

一般情况下，在印刷图像的高光部分，3%～5%的网点会丢失，印刷品的高光部分是由纸张的颜色决定的。因此纸张的白度不同就会影响画面主亮处的颜色亮度和饱和度，进而影响画面的色彩对比度。铜版纸表面光滑，具有较高的白度和光线反射能力，在铜版纸上进行印刷，网点变形小，网点扩大率可以控制在15%左右，因此使用铜版纸进行印刷的产品颜色鲜艳饱和度高，具有较好的层次和反差。

企业根据自身晒版能力和印刷能力，一般将白场CMYK网点值定为5%、3%、3%、0，黑场CMYK网点值大致为95%、85%、85%、75%。如果图像上没有白场点，可以将纸色作为白场的参考点，将纸色反调节到CMYK各色网点小于3%以下即可。

9.如何根据密度值来确定黑白场？

黑白场除了根据网点百分比的数值设置外，还可以根据密度值来确定。密度值和网点百分比是对应的，网点百分比越大，密度值越大，反之则小，定标方法与用网点百分比定标的方法类似。用D_{min}表示白场的密度值，D_{max}表示黑场的密度值，D_{min}越大，则亮调部分提升越多，层次损失越多；D_{min}越小，高光部分亮度越高，层次也体现得越多。D_{max}越大，暗调部分的层次体现得就多，中间调就被压缩得越多；D_{max}越小，暗调就会被压缩得越多，层次体现就少，中间调的层次多而且拉得开。一般情况，对于反射稿而言，D_{min}为0.02～0.05，D_{max}为1.5～1.8；对于透射稿而言，D_{min}为0.2～0.4，D_{max}为2.0～2.50。

10.对偏色原稿进行黑白场定标和扫描处理的方法是什么？

偏色原稿分为整体偏色原稿和局部偏色原稿两类，如果原稿由于拍摄冲洗的原因而整体偏色，则在扫描时，就不能按照常规定标方法选择黑白场，尤其是白场选点，不能选择在高光白色区域处，而要选择在高光偏色区域处，再进行常规定标。当然，人们也可以通过扫描后采用调整整个层次曲线或色阶的方法来校正。扫描时要调整色彩平衡，如果图像有些偏色，可以利用色彩平衡选项改变图像的整体色调。偏色不严重时可以选择“自动色彩平衡”选项，让软件自动校正，偏色严重时就要进行手动调整。扫描仪为这三种基本色都分别提供了调整功能，调整选项中有红、绿、蓝三个滑动条。要调整图像颜色，只需要将滑动条上的滑块拖向要在图像中增加的颜色，或将滑块拖离要减少的颜色即可。

而对于局部偏色的原稿，则根据它是高光偏色、中间调偏色或暗调偏色来进行不同段的层次曲线调整，也可用选校色彩来进行局部校正。校色中视画面具体情况尽量做足基本色，降低相反色。对于严重偏色的原稿，用滚筒扫描仪处理要比平台扫描仪处理的效果好，而对较标准的原稿则两者差别不大。此外还可以根据客户要求对原稿进行选取局部夸张校色、变色等处理。

11.如何扫描逆光照片?

通常在扫描逆光照片时,如果使用扫描仪默认的设置来扫描,生成的图像整体色调会偏暗。为了改善扫描效果,可以通过调整扫描仪设置参数,适当减浅照片中的色彩层次曲线,以便获得较好的扫描分色效果。调整好参数后,重新扫描图像一次,以便让扫描仪按照校正操作要求,重新对照片采样,使扫描仪生成符合需要的图像效果。

如果已经使用了默认设置扫描图像,可以使用 Photoshop 中的调整层次曲线功能来减轻色彩中的中间调部分。

12.曝光处理不当的原稿如何扫描?

曝光处理不当的原稿扫描时要调整亮度和对比度,曝光过度的图片由于亮度太高,看上去发白;曝光不足的图片由于亮度太低,看上去发黑。曝光过度和曝光不足的图像都缺乏层次,细节不丰富。这时可以拖动亮度和对比度滑动条上的滑块使图像的亮度适中,对比度合适。由于亮度和对比度的调节是对图像中所有像素都起作用的,因此,调节中应注意不要顾此失彼。比如,图片的主要信息位于较暗的区域,使其变得亮一些可以使细节更明显。但运用亮度调整功能把所有区域都变亮时,会丢失亮度大的区域内的一些细节。

13.如何正确扫描人物彩照?

在进行人物彩照扫描时,想要得到清晰自然的人像,就必须设置合适的扫描参数。第一步需要正确设置阶调和层次曲线,确保图像中的高中低调部分过渡自然。第二步对照片中的人像进行局部锐化,重点突出人像的轮廓、人体重要部位的层次等,而对人体的皮肤等不需要增强显示,以确保人体皮肤间的色调达到柔和过渡效果。同时，在人物照肤色处理时，还应遵循下列规律：

（1）黄色人种的肤色应该以黄、品红版为主，黄版略高于品红版，在中间调部分，品红版不得超过黄版 10%，最好是黄版大于品红版 10%，青版应为品红版的一半以下，作为层次版，黑版只在中暗调出现，作为暗调骨架版。

（2）黑色人种的肤色中以青版和黑版较重，品红版和黄版基本处于平衡状态，肤色成灰色略偏红。

（3）白色人种的肤色中黄版、品红版的网点百分比基本相同，青版为层次版，黑版与黄色人种所用的相同，只在暗调区域出现。

14.如何对条码、票据进行扫描？

扫描条码如同扫描细小文字一样，扫描的分辨率一般要比图像原稿的扫描分辨率高些，要保证大于 600dpi。扫描色彩模式设为灰度模式比较好，若用线条稿扫描的话，可能会出现边缘锯齿。

通常的票据大多为针式打印机打印出的单色印刷品，使用通常的扫描仪很容易将背面的文字痕迹扫描下来，从而影响整体扫描效果，所以对于票据可以使用专用扫描仪扫描。

15.对应用于彩报印刷的图片如何进行扫描？

由于彩报印刷具有它的独特性，如新闻纸白度、平滑度差，没有光泽，吸墨大；原稿大多是新闻照片，存在色偏及人物、景观不清晰等现象；印刷多使用卷筒纸轮转印刷机，印刷速度快，造成彩报印刷中有或多或少的质量问题，如偏色、色彩不鲜艳、清晰度差、套印不准等。那么根据彩报的印刷特点，正确处理对不同原稿的扫描分色，是提高彩报质量的首要环节。彩报印刷对扫描分色的基本要求有以下几点：

(1)色彩鲜艳明快

为了体现彩报的宣传效果，并考虑到彩报的印刷适性，应适量使颜色纯净饱和，可在 photoshop 中用提高饱和度和在专色纠正中提高基本色，降低相反色来实现。

(2)反差强烈

新闻纸印刷最大密度仅有 1.2 左右，纸张的高光绝网处带有纸张的底色，最深处也由于高速轮转印刷的关系而显得薄淡，扫描分色时可适当补偿，白场处可放弃部分高光层次，兼顾纸张的底色，黑场最深处各色版做足，四色墨叠印达到 360%以上，有时甚至可单独加深黑版在暗调处的网点值。

(3)强调清晰度

高速印刷常产生虚晕，造成细微层次损失，所以在锐化蒙版时可稍微过量，人物原稿可弱一些，风景和建筑物等可强一些。

(4)底色去除

在彩报印制工艺中同样可采用底色去除减少油墨量，便于轮转机的快速套印，有利于中性灰平衡，使版面显得干净明亮。

(5)合理设定黑白场

由于各种原稿受时间、传输、设备许多因素的影响，要求操作者具有一定的审美观，应使彩色图片整体不失真，颜色接近其真实效果，设定好图片的黑白场，小面积的极高光处可以绝网，但大面积部分切忌绝网，暗调处应保留层次。

16.如何扫描诸如地图类大幅面原稿？

通常使用的扫描仪，绝大部分都是 A4 和 A3 规格的，要使用这种型号的扫描仪，去扫描一些尺寸比扫描仪幅面还要大的图像或者普通文稿时，就无法将需要扫描的原稿一次性扫描完，此时就需要将原稿分成多次来完成扫描，扫描后再将各个部分拼合起来，就能生成完整的大幅图像了。

在分次扫描前，必须先将需要扫描的原稿放在扫描仪平面玻璃上，来横竖测量一下，以便决定到底横着扫描方便，还是竖着扫描效果好。为了便于将生成的图像进行无缝拼接，必须在扫描的过程中，时刻保证原稿能够水平地摆放在平面玻璃上。要是原稿由于厚度不一而无法实现水平放置时，就必须在比较薄的地方垫一点东西，以便让原稿能水平放稳，并且还要确保垫的东西不能遮挡住原稿中需要扫描的内容。

扫描结束以后，必须将扫描得到的分块图像，复制到同一个新文件中，这样可以方便地检查各个部分中的明暗度是否相同，不相同的，可以借助专业的图像处理工具，例如 Photoshop 来处理，将各个图像中的色彩明暗度调整到一致。最后，再使用 Photoshop，来调整各个图像的位置，使每一张图像的边缘之间能够相互吻合，以便生成一幅完整的图像。

17.如何扫描图像可以得到理想的灰度图像？

对于黑白原稿，扫描色彩模式可选灰度模式。扫描黑白原稿的首要问题是注意图像中的层次再现，一般地说，人眼对亮调区域比较敏感，所以我们在黑白原稿的扫描时可以适当压缩暗调，确保中间调、高光层次不损失。对于彩色原稿，可以直接选择灰度模式进行扫描，但这不是最佳方案。最佳方案是用彩色模式进行扫描，然后在 Photoshop 中将图像转换成灰度模式，因为彩色图像饱和度高，层次丰富。如果直接选择灰度模式扫描，扫描前图像的色彩就已丢失，调整的余地非常小，扫描后的灰阶图像层次显然没有彩色扫描再转换成灰阶图像的层次丰富。

18.扫描时对图像进行清晰度增强应注意什么？

在图像的边缘处，光学密度或亮度随位置的变化快、反差大，则图像边缘就越清晰。在扫描过程中为了增强图像的清晰度，一般采用“虚光蒙版”技术来提高边缘的反差，从而达到增强清晰度的效果。通常“虚光蒙版”有“强度”“宽度（半径）”和“阈值（起始点）”等几个参数设置。“强度”调节清晰度增强的效果，“宽度”调节图像密度突变轮廓的宽度，宽度越大，浮雕感越强。“阈值”的设置可以保护某些密度变化不大的细节不受强调。

按照原稿图像的主体内容，一般情况下风景和静物原稿可以采用较高的强度，人像为了避免皮肤被处理得粗糙则采用较小的强度。分辨率低且幅面小的原稿由于对清晰度作用敏感，应采用较小的强度和宽度。如果在人像中有一些需要较高清晰度处理的部分，则可以根据其颜色和阶调特点，利用扫描软件的功能，区别处理肤色区域和清晰度强调区域，达到圆润而清晰的效果。

19.扫描仪扫描图片时速度特别缓慢的原因可能有哪些？

（1）检查一下当前系统资源是否被其他应用程序占用太多，建议关闭系统中的其他无关应用程序。

（2）检查一下是否在扫描仪应用程序窗口中设置了扫描区域。如果没有设置，扫描仪会自动扫描整个平面玻璃板所在的区域，这样扫描大区域的时间自然要比扫描小区域的时间长。用户可以重新将扫描区域设置得更合适一些，然后重新扫描一次，看看速度是否有变化。

(3)检查一下扫描设置窗口中,扫描仪的分辨率是否设置得比平时大,如果这样,扫描仪会花费很多时间去扫描。一般情况下,将分辨率设在300～600 dpi就足够了。

(4)在开机时进入计算机的BIOS设置,将并行口设置为EPP或ECP模式。若计算机不支持EPP或ECP模式,那么用户就无法使用高速扫描功能。

(5)检查一下扫描仪所在的计算机系统是否运行缓慢。如果是,查看究竟是什么原因引起的。大多数情况下,计算机系统突然运行缓慢,很可能是感染了病毒,可以用最新版本的杀毒工具对系统进行全面查杀。如果这样还不能解决,可以重新安装操作系统。

20.如何正确选择数码相机的拍摄模式?

数码相机是一种重要的图像输入设备,在大多数数码相机里,一般会提供Auto模式(全自动模式)、P模式(程序自动曝光模式)、A/AV模式(光圈优先模式)、S/TV模式(快门优先模式)、M模式(全手动模式),以及一些情境拍照模式,这些模式都预设了拍摄参数,不同场合可使用不同的拍摄模式。

全自动模式适合抓拍,比如在户外拍摄活蹦乱跳的小朋友,只要专注对焦即可。程序自动曝光模式和全自动模式差不多,适合抓拍或光线快速变化的场合,唯一的不同是程序自动模式可以调整曝光补偿,比自动模式能获得更准确的曝光。光圈优先模式适合需要控制景深的场合,如在拍摄一些珠宝饰品时可以通过景深的控制来突出商品的主体。如果想获得背景虚化效果,可用大光圈拍摄;如果希望得到前景和背景都清晰的效果,可用小光圈拍摄。快门优先模式通常用于运动物体的拍摄,例如赛车、运动员或是瀑布等。想定格运动目标，用高速快门；想获得运动感强烈的效果，用慢快门。全手动模式是最灵活的模式，可以根据自己的拍摄意图精确调节，能最大限度地获得精准的曝光，适合在光线稳定的场合拍摄静止的物体，不适合抓拍。

21.如何正确运用数码相机的分辨率？

分辨率是数码相机中一个重要的参数，其数值大小将直接影响到最终图像的质量。图像的分辨率越高，图像文件所占用的磁盘空间也就越多，从而图像的细节表现得越充分。出版物印刷对图像有很高的要求，一般对于图像精度最低要求为300像素/英寸，那么数码相机的分辨率起码要在500万像素以上，所拍摄的照片才能用于印刷。

22.拍摄照片模糊的原因是什么？

如果想要获得清晰的照片，除了在拍摄时保持相机的稳定外，还需要掌握正确的对焦方式。导致照片模糊的主要原因有以下两方面：

(1)相机晃动

一切准备就绪时，在按动快门的瞬间相机发生的晃动就会使整个画面变得模糊。防止因相机晃动而引起失焦的方法有：①拿稳相机，采用正确的拿相机的姿势；②尽量选用高速快门进行拍摄，一般快门速度不要低于1/80；③使用三脚架等固定相机的工具。

(2)对焦位置错误

对准了焦距，但是对焦的位置出现了偏差。对焦位置靠前或对焦位置靠后都会导致这种情况的出现。防止对焦位置靠前或对焦位置靠后所导致的失焦有以下几种方法：①将需要对焦的部分(被拍摄物)放在画面的中间(画面的四周不进行对焦);②不要拍到位于需要对焦部分前面的其他多余物体(可能会在对焦时将焦点集中在前面的物体上而导致对焦位置靠前的情况出现);③不要将快门一下子按到底(应半按快门确定焦距是否对准再按下快门进行拍摄)。

23.拍摄的照片偏暗或偏亮的原因是什么?

若拍摄出来的照片中的物体过亮且亮部细节和层次缺失,意味着曝光过度(过曝);相反,照片中的被摄物过暗且看不清物体的色泽和细节,意味着曝光不足(欠曝)。那么不同的情况需要使用不同的测光方式,才能得到被摄对象正确的曝光。如针对尼康相机的测光模式来说,对于画面光强差别不大的情况可以采用矩阵测光模式;如果将最重要的拍摄内容放在取景器的中间,可采取中央重点测光模式;如果当拍摄对象与背景间的亮度差异非常大,可以采用点测光模式。

24.如何合理设置数码相机的白平衡?

在不同的光线下应采用不同的白平衡值,从而使拍摄出来的图片不偏色。在大多数光源下推荐使用自动白平衡;在P、S、A和M模式下,若有需要,可根据光源类型选择其他值。白平衡主要有以下几种:①自动 :照相机自动调整白平衡,在大多数情况下推荐使用;②白炽灯:在白炽灯灯光下使用,白炽灯是一种偏暖的光源,如果不进行校正,你的图像会偏黄色或橙色;③荧光灯:用于消除以普通荧光灯作为主光源而产生的蓝绿色调;④晴天:在拍摄对象处于直射阳光下时使用;⑤闪光灯:与闪光灯一起使用,可以校正闪光灯偏冷的光;⑥阴天:在白天多云时使用,可以消除图像中偏蓝的色调 ;⑦背阴:在白天拍摄对象处于阴影下时使用;⑧PRE手动预设:根据特定的光源手动设置白平衡,可从现有照片测量白平衡或复制白平衡。

25.如何正确设置ISO(感光度)值?

在数码相机中ISO值代表着CCD(电荷耦合元件)或者CMOS(互补金属氧化物半导体)感光元件的感光速度,ISO值范围越大就说明该感光元件的感光能力越强。ISO值设定的越高,对曝光量的要求就越少。设定ISO值时应注意以下技巧:①由于高ISO值会产生噪点和杂色,所以当拍摄光线较暗时可以首先考虑辅助光(闪光灯和反光板)的应用,在无法使用辅助光时再考虑三脚架的使用和延长曝光时间,最后才考虑提高ISO值的办法,以得到最佳的图片画质。②白天室外的光线较为充分,通常会选用较低的感光度(ISO100),室内可调至ISO200;阴天光线偏暗,室外建议用ISO200,室内用ISO400;下雨天建议调高ISO值(ISO400以上),以保证快门的速度,确保成像的稳定。拍摄动态物体时,为保证图片的清晰,快门速度要保证在1/500以上,那么ISO也相应要调高,在光线较为充足的地方可选择ISO400到ISO800,而光线较暗的地方就应选择ISO800到ISO1600了,看物体和光线而定。

26.调节曝光补偿的技巧有哪些?

曝光补偿就是有意识地改变相机的曝光参数,让照片更明亮或者更昏暗的拍摄手法。调节曝光补偿时应注意以下技巧:①拍摄环境比较昏暗时需要增加亮度,此时可进行曝光补偿,适当增加曝光量。②被拍摄的白色物体在照片里看起来是灰色或不够白的时候,要增加曝光量,因为相机的测光往往以中心的主体为测光点,白色的主体会让相机误以为环境很明亮,导致曝光不足。然而，拍摄的黑色物体在照片里看看起来变色发灰的时候，应该减小曝光量，使黑色更纯。这就是经典的“白加黑减”定律。③当在一个很亮的背景前拍摄的时候，比如向阳的窗户前，逆光的景物等要增加曝光量或使用闪光灯。当你在海滩、雪地、阳光充足或一个白色背景前，拍摄人物的时候，要增加曝光量并使用闪光灯，否则主体反而偏暗。拍摄雪景的时候，背景光线被雪反射得特别强，相机的测光偏差特别大，此时要增加曝光量，否则白雪将变成灰色。④当在一个黑色背景前拍摄的时候，也需要降低一点曝光量以免主体曝光过度。但是拍摄夜景时，应该关闭闪光灯，提高曝光值，靠延长相机的曝光时间来取得灯火辉煌的效果。⑤阴天和大雾的时候，环境虽然是明亮的，但是实际物体的照度明显不足，如果不加曝光补偿则可能造成照片昏暗，适当的曝光补偿，加 0.3 到 0.7 可以使得景物亮度更加自然。⑥在某些艺术摄影中，比如拍摄高调的照片，要增加曝光补偿，形成大对比度的照片，更好地表现作者的拍摄意图。同样的，在某些时候，需要刻意降低照片亮度的，就应降低曝光补偿。

善于应用、合理使用曝光补偿，可以大大提高摄影作品的成功率，拍出画面清晰、亮度合适的照片。

27.如何判断照片的曝光是否正确？

一般情况下，我们可以通过照片的直方图来判断曝光的情况，直方图的横轴从左到右表示亮度从低到高，纵轴从下到上表示像素从少到多。亮度值从 0 到 255，0 表示黑，255 表示白。如果某个地方的峰越高，表示在这个亮度下的像素越多。直方图可以分为五种类型，分别是平滑型、左坡型、右坡型、中凸型、中凹形。

(1)平滑型

直方图曲线形状看上去比较平滑,显示分布非常均匀,说明各个亮度区间的像素分布是很均匀的。以 128 为中间值,直方图中的平均值越高,照片整体就越偏亮。

(2)左坡型

过曝照片的直方图曲线波形偏重于右侧,像素集中于右侧,而左侧的像素很少,从 0(最暗处)到曲线波形的起始处像素很少甚至没有像素,照片的色调很亮,或有大面积的反光源。

(3)右坡型

曝光不足照片的直方图曲线波形偏重于左侧,多数的像素集中在左侧,波形图的右侧有较明显的下降,并且其右侧到 255(最亮处)位置处像素很少甚至没有像素,这种照片看上去过于暗淡,暗的部位较多,亮调不足。

(4)中凸型

直方图上的像素集中在曲线的中间部位,波形在中间凸起,两边下降,靠近 0 和 255 位置处没有像素,缺少暗调和亮调,对比度不足,照片看上去模糊、灰蒙蒙,这种直方图很常见,主要是拍摄时天气等环境因素影响造成,比如有雾、沙尘、太阳光太强等。

(5)中凹型

这种照片的直方图曲线波形是两边高、中间凹陷,像素主要集中在左右两侧,中间很少,照片有明显的暗调和亮调部分,但中间中等亮度部分比较缺少,明暗反差大,这种直方图除了特意进行剪影或高反差创作外,主要是没有掌握好测光部位及测光方式,可以将测光点定位在明暗交接部位进行调节。

但是曝光是否准确并不能完全数据化,没有一个绝对的正确曝光值，直方图只是一个参考工具，具体曝光是否准确还要结合拍摄意图来判断。

二、图文处理技术

1.什么是色温？显示器的色温值应该设定为多少？

色温是以温度数值表示光源的颜色特性，在色彩学上将某一光源发出光的颜色与黑体被加热到一定温度下发出的光的颜色相比较来描述光源的色温。因此，色温可以理解为：当某一光源的色度与某一温度下的黑体的色度相同时，黑体的温度就是光源的色温。计算机显示器的白光也有一个色温值，它指的是白色颜色的色度特征，印前制版领域中，显示器的色温值最好设在5500～6500K，只有这种条件下显示器显示的颜色才符合印刷制版的要求。

2.如何对显示器进行校准？

显示器校准的目的是使显示的图像和最终输出的图像颜色之间尽可能地接近，常用的软件有Adobe的Gamma校准程序和QuickGamma校准程序等。通常的校准步骤如下：①将显示器打开预热半小时，使显示器处于稳定状态；②将室内光源调整到一个可以经常保持的水平，关掉额外光源，以免这些动态变化影响视觉，然后设定显示器的亮度和反差；③关掉所有桌面图案，将显示器的背景色改为中性灰，这样就不会在校正过程中对视觉造成影响，有助于调节灰平衡；④设定Gamma值，先调出Gamma控制面板，在对话框的上方选择适当的目标Gamma值，一般图像推荐使用的是“1.8”，如果要用录像机或胶片记录以输出图像，Gamma 值设定为“2.2”；⑤校正白场，先在 Photoshop 中建立一个空白新文件，然后选一张与印刷用同样白度的纸张，点击“WhitePoint”按钮，拖动三角形滑块直到显示器中的白色与纸样中的白色尽可能的匹配；⑥校正 Gamma 值，用 Gamma Adjustment 调整，直到三角形滑块上方的双色灰色条中的两种色块视觉效果相近，没有明显界限为止；⑦校正色彩均衡度及灰平衡，点击“Balance”，调整 RGB 三色滑标，直至滑标下方的灰梯尺中没有色彩，成为灰色的色阶；⑧校正黑场，点击“BlackPoint”按钮，拖动 RGB 三色滑标直至滑标下方灰梯尺的暗部与印刷灰梯尺的暗部感觉一致。

经过以上的步骤，显示器的校色过程就完成了，校色结果马上会对显示器的显示起作用。以后每次启动计算机时，Gamma 窗口的设定就会自动生效。当然，我们也可以针对不同的纸张、不同的显示器等各种要求，点按“Save Setting”（存储设置）按钮，在“Control Panel”（控制板）中存储若干个 Gamma 文件。设置存储后，重新启动机器，点按 Gamma 对话框中的“Load Setting”按钮，选择合适的 Gamma 设定值即可。

3.如何选择合适的色彩管理系统？

使用者应根据自己的需要来选择最适合的色彩管理系统，选择时应考虑以下几方面因素：①使用者必须确定是在哪些设备上需要获得一致的色彩。②确定色彩管理系统中自带的描述文件，以及是否支持在开放式系统中建立描述文件；若属封闭式系统，则必须由厂方建立描述文件，这样就需要确定是否能够承受建立描述文件所需的费用。③对各种色彩管理系统进行性能比较，针对使用者的具体情况，可以对系统的可靠性、支持能力、可扩充性、兼容性和易用性等多种性能进行比较。④对选择的色彩管理系统进行测试，用同一彩色原稿对系统进行测试，观察哪一种系统在具体操作环境下，能获得与原稿最吻合的效果。

4.如何在 Photoshop 中设置油墨选项？

由于各种品牌油墨颜色实际上是存在差异的，因而再现同一颜色时，其网点百分比并不一定相同。所以，应该在分色前选择在实际生产中应用的油墨，使色彩的复制更具针对性。

在“自定 CMYK”对话框中，点按“油墨颜色”，选择一个适合的油墨标准以及印刷用纸，因为纸张对油墨的吸收性会对最终结果有很大影响，其中默认设置是美国标准油墨在涂料纸（铜版纸）上印刷的“SWOP (Coated)”标准，此设置比较适合我国大多数印刷要求。网点扩大的预置代表了在指定纸张上图像中间调的网点扩大率，Photoshop 再根据此数据建立一个网点扩大曲线来调整图像各阶调的网点扩大率。将网点扩大设定为较小的数值，图像偏亮；设定较大的数值，图像偏暗。使用反射密度计测量打样中的校色条，可根据测试结果来调整网点扩大值。

5.如何在 Photoshop 中设置分色选项？

在 Photoshop 的分色选项中提供了如何对 CMYK 四色版的产生进行控制的选项，包括：“分色类型”“黑版产生”“黑色油墨限制”“油墨总量限制”和“底层颜色添加量”。

(1)可根据需要及印刷厂的生产质量选择分色类型，即 GCR 或 UCR，由于技术因素，GCR 常会造成高光部分有脏点，而 UCR 只是对暗调部分的替代，不会有太大的偏差，使用比较多。

(2)在选择 GCR 时，还要设置“黑版产生”，黑版产生的程度有"无""较少""中""较多""最大值"和"自定…"几种选择，自定义是可以在图像中任意调节黑版曲线，其他色版会自动计算出自身的替代量。

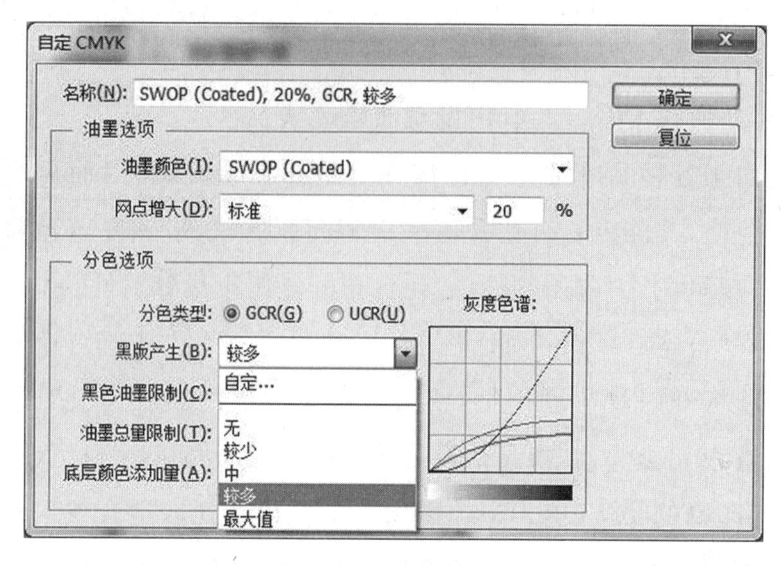

图 2—4 设置黑版产生

(3)黑版墨量限制是指 UCR/GCR 中黑版所用油墨量限制，Photoshop 中默认设置是 100%，通常将其设置为 80%～90%就基本上能够压住其他颜色。

(4)总墨量限制表示印刷机所能支持的最大油墨密度，Photoshop 中默认设置是 300%。

(5)"底层颜色添加量"是指采用 GCR 分色类型后，在图像的暗调区域再增加一定量的青、品红、黄油墨。如果在暗调区域只用黑版代替，有时会造成过于平淡的调子，适当地加入青、品红、黄油墨，会使图像暗部更加丰富。只有在选择 GCR 黑版产生方式时，才可调节此选项。"底层颜色添加量"可以调节的范围是 0～1000%，随着数值的增加，青、品红、黄油墨的量逐渐增大。

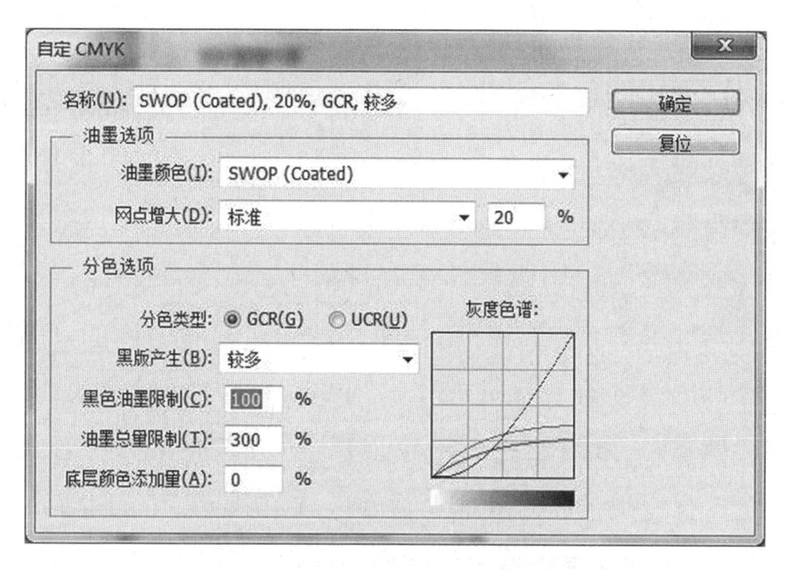

图 2—5 Photoshop 中的分色选项

6.黑版在彩色复制中的作用是什么?

理论上青色(C)、品红色(M)、黄色(Y)三原色油墨叠印能够再现成千上万的颜色,包括黑色,但三原色油墨等量混合无法得到纯净的黑色,为了弥补三原色油墨的缺陷,需要使用黑色油墨来再现印刷产品上黑色或灰色的区域。由于减少了彩色墨量,也减少了总墨量,从而提高了印刷速度,也降低了成本。总体来说,黑版的主要作用如下:

(1)使用黑版能增强图像的密度反差

一般来说,黄、品红、青三原色油墨叠加后的有效密度,最大在 1.8 左右,而视觉分辨率能力可达到 1.8~2.0,于是选用适当阶调的黑版来加大纸张的吸收能力,从而增大了图像整体密度反差范围,加强了图像的立体感、空间感、提高了产品质量。

(2)黑版能稳定图像的颜色

稳定颜色的范围取决于黑版阶调的长短,黑版的阶调越长,稳定颜色的范围越大。一般情况下,以彩色为主的图像大都采用骨架黑版，主要是稳定中暗调颜色和加强图像轮廓。具体实施要分析图像颜色和阶调的特性，确定黑版阶调的起始点和曲线特点。对于以黑、灰色为主的国画和中性色调的图像黑版阶调应相对长些，但除此之外，黑版阶调长了，图像色调容易变得灰暗。大多数图像制版软件都有自动生成黑版的功能，如果原稿色调是标准的，分色加网的结果一般也是符合实际的，问题是用来制版的原稿符合标准的比例很小，分色加网时绝大部分都要进行调整，一般对彩色版比较重视，而对黑版就有所忽视，所以应该根据原稿的特点和印刷适性条件，调整黑版阶调值。

(3)黑版能加强图像中至暗调的层次

由于印刷适性条件和人的视觉适应能力的限制，彩色复制的一般规律是保持亮调，有的略作强调，尽可能保持中间调或略作适当压缩，一般是压缩暗调。绝大部分图像进行的底色去除，三个色版暗调均不同程度的减少色量，暗调的色量就不足，再加上视觉对暗调的分辨力相对较强，只用彩色叠加，中至暗调层次明显不好，轮廓或线条虚混，阶调拉不开。因此，需要增加黑版，有的黑版还要进行底色增益，这样就能加强或补偿暗调的层次。

总之，黑版起着非常重要的作用，应该合理灵活地用好黑版。

7.印前制版中的短调黑版、长调黑版是什么意思?

长调黑版又称为全调黑版，主要用于机械设备、国画等以消色为主的图像原稿；中调黑版是从20%～30%开始起用黑版量，用于亮调基本无消色，中间调有适量的灰色，暗调消色较重的图像原稿；短调黑版是从约50%开始起用黑版量，用于色彩鲜艳、明亮的人物、风景画等；骨架黑版是从约70%开始起用黑版量。

图 2—6 为选择不同的“黑版产生”参数时产生的不同黑版效果。

(1)黑版产生为“无”

(2)黑版产生为“较少”

(3)黑版产生为“中”

(4)黑版产生为“较多”

图 2—6 相同图像的不同黑版产生对比

8.对于风景类彩色原稿在印刷制版中如何正确地选用黑版？

一般来说，风景类图像大多具有色泽艳丽、颜色饱和度高等特点，因此，对于这一类彩色原稿的复制适宜采用长阶调的三原色版，青版阶调可长达5%～95%，并且黄、品红与青版三色版之间进行色彩平衡，接着在画面的暗调区域选择补偿印刷密度的骨架黑版，便可以达到视觉所能适应的要求，如高、中调层次显得十分饱满，色彩鲜艳厚实。鉴于这类印刷物采用高速多色机印刷，三原色黑版应作较多的底色去除，减少暗调消色区墨量堆积，以达到快速干燥的目的，至于饱和状态的深度原色，调子损失部分黑版要作相应补偿，黑版网点给定值的深浅、调子长短，应视三原色版底色去除范围和去除量而定，因而有时人们将它们做成短调黑版。

9.对于以人物肤色为主体的照片原稿在印刷制版中如何正确地选用黑版？

对于以人物肤色为主体的照片原稿一般在具体实际生产中有两种情况，其一，正面布光的人物照；其二，人物面部逆光照。对于正面布光的照片，为了使人物肤色中固有色与中调色之间有较为软化的过渡，以适应人物面部调子的需要，可采用长调黑版扫描，图像的复制层次曲线的起始点可适当延长，在加强人物面部暗调层次的同时将固有肤色黑版减至绝网，并向中调色过渡，促使黑版在面部肤色区网点极小而层次却结实有力，边缘不硬化，以这种长调短做的手段，可以使黑版达到既保护阶调又不影响颜色的目的。

对于人物面部逆光照为中心题材的画面，由于肤色位处于阴影区域，色彩偏冷带灰，应选择骨架黑版，并将暗调层次提升，黑版的网点大小相应增加，以补偿三原色版阶调下降造成的印刷密度损失，强化了暗调，加大了网点给定值，从而使黑版暗调在增强了陡度的同时又降低了中调色量，使灰暗的逆光照片有所改观。

10.对于黑白照片原稿在印刷制版中如何正确地选用黑版?

黑白照片原稿具有黑白分明,层次清晰,质感强烈,调子齐全等特点。过去通常的做法是暗调部分黑版不超越八成、高光点做出几个点,而现在随着设备的升级,黑版的暗调层次不仅可以做到九成,甚至局部区域可达实地。考虑到防止印刷时暗调层次并级糊版,可以将中间层次按常规复制曲线进行移位使高光点绝网。

11.对于高反差原稿在印刷制版中如何正确地选用黑版?

有部分彩色片原稿密度反差达到3.0以上,这一类原稿在印刷上称为高反差原稿,在印前制版中适宜采用短调高反差工艺,黑版网点给定值可高达85%而不会产生任何副作用,并且能达到画面中间调提亮、暗调厚实、轮廓清晰、精神饱满的目的。

12.对于国画原稿在印刷制版中如何正确地选用黑版?

国画是我国的传统绘画艺术,在世界美术领域自成体系,并享有很高的声誉。国画的作画原理属于散点透视,构图视野广阔,气势磅礴,国画用墨色(焦、浓、重、淡、清)和线条来表现形体,有的再涂以色彩,因此,它是“以墨为主,以线为骨,以色为楠”。明暗、虚实与节奏达到形神兼备、气韵生动的造型要求。印刷复制时应选用高调凸、中调直、低调陡的复制层次曲线,获得能反映国画情趣的全阶调黑版。

13.对于版画原稿在印刷制版中如何正确地选用黑版?

版画是运用刀和笔,在版材上进行刻画。版画一般以线条为主,现在也有晕染色调的。木版画的色彩有厚、薄、虚、实的特点,画面以刚劲有力的黑色线条为主。复制时黑版应采用网点版，但给定值要深，宽容度要小，曲线特别陡，黑色线条三色版应作大幅度底色去除，以避免套印不准及黑版层次并级等现象发生。

14.对于油画原稿在印刷制版中如何正确地选用黑版？

油画是通过丰富厚实的色调和明暗的强烈对比来充分地表现一种气氛，极为逼真地表现万物的质感和立体感。油画多数画在布上，因此，涂料轻薄的地方有布纹显现，这是油画特有的风格。它是用颜料堆积起来的，有立体感，这种特有的气氛使整个画面生动。从油墨的笔触里，可以看出其颜色千变万化，丰富多彩的思想。在油画的深处要求深而不黑，淡处要求亮而不薄，多数画面的混合色比重较大，而仅以少数几笔鲜明的原色点缀，就是这几笔明度往往是最吸引人视线的部分，在印刷复制时必须牢牢抓住，不能复制成灰色效果。对于油画黑版复制曲线应等同于彩色风景画的骨架黑版，油画复制应与摄影照片同样立足于三原色黑版只对暗调细节起作用，体现原稿暗调隐约丰富的色彩变化。

15.对于其他绘画原稿在印刷制版中如何正确地选用黑版？

水彩画是使用半透明颜料制作的，清淡别致、具有半透明性。色彩有轻涂、浓涂两种，长于表现轻快明朗的写生。它可以排除黑版采用三原色制版，对于水彩画年画应采用骨架黑版才能保证画面色彩的纯度与明度，复制时调子只能短不能长。水粉画一般具有油画般的刚劲和水彩画般妩媚艳丽，它是用水溶性、不透明的广告颜料作画，因此画面色泽娇柔艳丽、遮盖力强。水粉画复制时黑版调子可比油画稍长，黑版网点给定值也比油画稍深，以突出精神，复制曲线可以采用长调黑版。

素描是用单一色料绘成的画稿,如铅笔画、钢笔画等,其中以铅笔素描为多,它是用单线条的疏密和铅笔的浓淡晕染层次来表现景物的。对于这一类原稿黑版版面阶调要窄,曲线要陡。

16.如何利用反差系数来调节图像的中间调再现?

反差系数的主要功能是通过调节复制曲线的斜率来调整图像的中间调,在扫描过程中调节反差系数有助于补偿因曝光不足或曝光过量而造成的图像失真现象,同时也可以借助于调节反差系数来增强以亮调为主或以暗调为主的原稿图像的细节和反差。对于以亮调为主和曝光不足的图像,反差系数一般调节为1.8～1.9;对于以暗调为主和曝光过度的图像,反差系数一般调节为1.2～1.3;对于正常图像,反差系数一般调节为1.5～1.6。

17.如何使用 Photoshop 修复破损的照片?

可以使用 Photoshop 的修复画笔工具和仿制图章工具来修复破损的照片。它们都是通过图像中的取样点来复制修复图像的。但是修复画笔工具除了能够修复图像外,还可以保留被修复区域的像素的纹理、光照、透明度和阴影与源像素进行匹配,从而使修复后的像素不留痕迹地融入图像的其余部分。在使用这些工具时,先设置相应画笔大小和硬度,再按住 Alt 键定义一个取样点,松开鼠标,然后在需要修复的图像上拖动,鼠标呈现画笔圆圈和十字号,十字号为取样点,画笔圆圈下为修复点。

18.在 Photoshop 中如何处理通常的天空颜色?

纯净、美丽的天空应该基本上以蓝色和白色为主,画面中蓝色应该是含有青、品红为主的颜色,并且青的网点要比品红的网点大,其差值要大于20%以上为佳。但要注意对天空的蓝色来说品红的含量应比水的蓝色高些为好。同样,对天空蓝色的相反色黄和黑要注意，除非为了表现层次，应让黄和黑的值较小为好。

19.在 Photoshop 中如何使用“暗调/高光”调整图像？

“暗调/高光”命令适用于校正由强逆光而形成剪影的照片，或者校正由于太接近相机闪光灯而有些发白的焦点。在用其他方式采光的图像中，这种调整也可用于使暗调区域变亮。

“暗调/高光”命令基于暗调或高光中的周围像素(局部相邻像素)增亮或变暗，该命令允许分别控制暗调和高光。默认值设置为修复具有逆光问题的图像。

20.在 Photoshop 中如何使用“色阶”调整图像？

“色阶”工具可以调整图像的暗调、中间调和高光等强度级别，校正图像的色调范围。在 Photoshop 中依次点击“图像”→“调整”→“色阶”，打开“色阶”调整对话框。

在“色阶”对话框中，“输入色阶”黑色和白色滑块将黑场和白场映射到“输出色阶”滑块的位置。如果将黑场滑块向右移动到色阶 5，就会通知 Photoshop 将色阶不高于 5 的所有像素映射到色阶 0。同样，如果将白场滑块向左移动到色阶 243，就会通知 Photoshop 将色阶不低于 243 的所有像素映射到色阶 255。默认情况下，“输出色阶”滑块位于色阶 0(像素为全黑)和色阶 255(像素为全白)。如果需要进行中间调校正，拖动“输入色阶”中间的滑块进行灰度系数调整。向左移动中间的灰色滑块可使整个图像变亮；向右移动中间的灰色滑块可使整个图像变暗。

也可以使用“色阶”对话框中的吸管工具快速地设置图像的高光和暗调。方法是将黑色吸管在图像的暗调处单击，用白色吸管在图像的高光处单击；用灰色吸管在图像中性灰的位置点按可以校正图像的色彩平衡;点按“自动”按钮,将会自动调整图像。

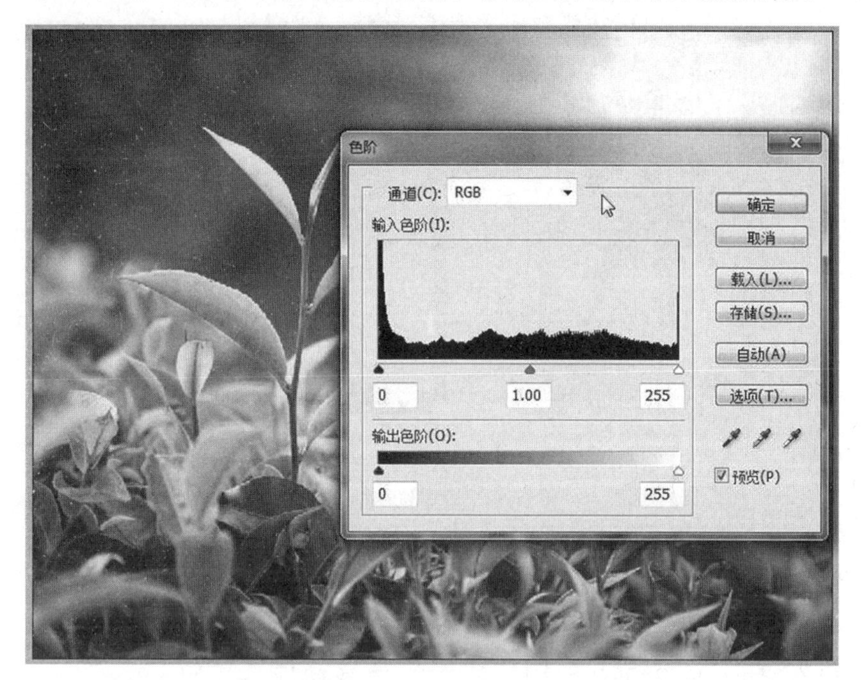

图 2—7 色阶工具

21.在 Photoshop 中如何使用“曲线”调整图像?

与“色阶”工具一样,“曲线”也可以调整图像的整个色调范围。但“曲线”与“色阶”相比,利用“曲线”可以在图像的整个色调范围(从暗调到高光)内设置 14 个不同的点进行调整,所以调整起来比“色阶”更精确。

在 Photoshop 中依次点击“图像”→“调整”→“曲线”,打开“曲线”对话框。“曲线”对话框打开时曲线是一条直的对角线。图表的水平轴表示像素的“输入”色阶,垂直轴表示“输出”色阶。默认情况下,“曲线”对于 RGB 图像显示强度值从 0~255,黑色 0 位于左下角,对于 CMYK 图像显示百分比从 0~100,高光 0 位于左下角。如果要反向显示强度值和百分比,点按曲线下方的双箭头。

使用“曲线”工具，可以对图像的亮度、反差、色彩进行调整。

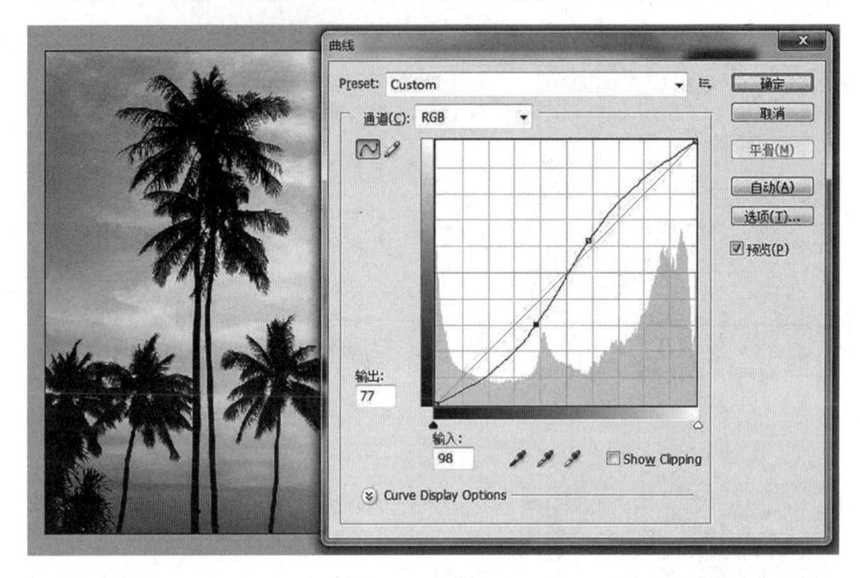

图 2—8 曲线工具

22.在 Photoshop 中制作阴影应该选择什么颜色?

为物体或文字制作阴影时，一般应在 Photoshop 等点阵图像软件中进行，因为它所形成的阴影有一定虚边，较为形象和真实。而在矢量图像软件中制作阴影一般达不到这种效果。一般阴影颜色是灰色，并且最好是四色灰，即由 C、M、Y、K 组成的灰色。这样在印刷时边缘会过渡得较好，不会出现“硬边”。

别外，阴影的深浅也是应该引起重视的一个问题，不能随便选择一个颜色就来做阴影。虽然阴影的深浅与周围颜色有一定关系，但阴影颜色最深处(阴影一般由深往浅过渡)的灰度值 K 为 40%～70%较好。如果太小，则阴影太浅，不明显；如果太大，则显得太浓重。

23.图像“发闷”是什么意思? 该如何处理?

做印刷图像分析有一个说法是“发闷”，是指图像整体的亮调较少，该亮的地方不亮，就像透不过光线似的，给人一种不透气的感觉，像给图像罩上了一层灰色一样。产生这种现象的原因有两种：一是亮调不亮，反差不够；二是图像颜色的饱和度低，灰分较重。对这类图像要想办法提高图像颜色的饱和度并使图像的亮调亮起来。经用“色相/饱和度”工具提高饱和度，经“色阶”工具提高亮调亮度和“可选颜色”对“白色”降低C、M、Y、K的网点。

24.Photoshop中制作图像黑版能不能压印？

所有Photoshop中制作的黑色（包括灰色），如果是CMYK模式的图像，都不能产生压印，即使在排版软件、图形软件中输出胶片时设置了黑版压印也是如此。排版软件中置入的Photoshop中的CMYK模式图像中黑色内容不会产生压印，出现黑色或灰色的地方就会在Y、M、C版相应位置挖空。这也是黑色文字应在排版软件制作的原因之一。但是，有一点应该注意的是，如果是灰度图像，并且存储为TIFF格式，则在排版或图形软件中能够压印。这里在颜色定义上有一定的说法：即满足上述条件的图像可以在排版或图形软件中着色，如果着色为黑色或灰色，也就是在排版、图形软件中着上的黑色，输出胶片时可进行黑版压印，这时该图像的黑、灰色当然可以压印。这里有一点要提醒的是：如果要保持图像中的灰色，在黑版输出为压印时，设定黑色一定设置成K100%、Y1%，否则一经压印，灰色就不成其为灰色了。

25.使用Photoshop进行印刷图像处理时，应遵循什么顺序？

一般地说，在Photoshop中处理印刷图像应遵循下列顺序，否则，将影响图像处理效果。首先，进行阶调、层次和反差的调整，例如：使用“色阶”工具进行黑白场定标处理；使用“曲线”工具进行阶调层次调整；使用“亮度/对比度”工具进行纠正反差不足；使用“阴影/高光”工具进行纠正暗调并级；使用“曝光度”工具进行纠正中间调厚闷；使用“色彩平衡”工具进行纠正偏色处理等。其次，进行色彩调整处理，例如：使用“色相/饱和度”工具修正色相和饱和度；使用“选择性校色”工具加强或减弱颜色饱和度；使用“减淡/加深”和“海绵”工具局部修正图像明暗等。最后，是进行清晰度调整，例如：使用“锐化”工具加强清晰度；使用“模糊”工具减弱清晰度等。

26.如何解决 CorelDraw 输出时涉及的字体问题？

如果仅仅是一两个页面的文件，可以将所有的文字转换成曲线后输出，但这种方式不适用于多页码的文件；另一种方法是将所有文件转存为 EPS 格式的文件，不过这种方法虽好，却有时可能会带来一些其他的问题，同时也加大了文件的物理储存问题；最好的方法就是，在一个存储体中（如光盘或移动硬盘），既存 CorelDraw 默认的 CDR 文件，又存业界通用的 EPS 文件，同时将文件中所用到的字体也复制到存储体中，这样文件经转移之后，就不用担心会因缺字体而出现不必要的麻烦了。

27.CorelDraw 中的段落文字如何转成曲线？

CorelDraw 中的段落文字转成曲线有多种方法可以使用：

（1）使用滤镜冻结转曲的方式实现文字转曲功能实现段落文字转曲：①按 Alt+F3 打开“滤镜泊坞窗”；②用矩形工具画一个比段落文本框稍大的矩形，并填充同文本相同的色彩；③选择此矩形，滤镜效果选择“透明度”；④比例选择 100%，勾选冻结及移除表面的选项，按“应用”即可；⑤转曲的文字会自动覆盖在段落文本框的上面。

(2)上述方法对于段落中有上标或下标的文本有时会出错，比如上标、下标会变小等。相比之下，用“输出 WMF 文件”转曲线这种方法更保险，单击菜单“文件”→“输出成 WMF 或 AI 格式”，再新建一空白文件，导入这个 WMF 文档，就是全曲线格式。

(3) CorelDraw 11 以后的版本均可以按 Ctrl＋Q 直接转曲线。

(4)在 CorelDraw 软件内：①选择要转曲线的段落文本，彩色文本也可以；②选择“菜单”→“输出”，文件类型选择 EPS；③重新输入此 EPS 文件(副标题 prn 的 PS 文件类型)，就可以将此文件转成曲线。

28.为什么 CorelDraw 文字在转曲线的时候会跑位？

因为文字段落的第一行前面空的是全角的空格，所以文字转曲时会跳掉。解决方法是：把每段的第一行全角的空格改为半角空格，转曲时就不会跳掉。

29.CorelDraw 中设置渐变有哪些注意事项？

(1)如红色→黑色的渐变，设置为“M100→K100”中间会很难看，正确的设置应该是“M100→M100K100”，其他情况类推；

(2)透明渐变是适用于网络图形的办法，灰度图也可，但完稿输出不能用，因为空间混合模式为 RGB，屏幕混合色彩同印刷 CMYK 差异太大；

(3)黑色部分的渐变小不要太低，如 5%黑色，由于输出时有黑色叠印选项，低于 10%的黑色通常使用替代而不是叠印，叠印易导致问题。同样，使用纯浅色黑也要注意。

30.在 Illustrator 中如何将矢量图转换为位图？

将矢量图形转换为位图的处理过程称为栅格化。在栅格化处理过程中，Illustrator 会将图形路径转换成像素。还可以设定栅格化选项来控制所得的像素的大小和其他特性。

将矢量图转换为位图的方法是选择“对象”→“栅格化”。在“颜色模式”选项中选择要转换的位图的颜色模式，有 RGB、CMYK、Bitmap、Grayscale；在“分辨率”选项设定要转换位图的分辨率，一般用于屏幕显示的分辨率为 72 ppi；“背景”选项决定向量图形的透明区域如何转换成像素。选取白色，用白色像素来填充透明区域，或是选取透明，让背景变透明；“消除锯齿”选项决定在栅格化过程中，要使用何种消除锯齿的效果。消除锯齿可以在栅格化后减少锯齿边缘；“制作蒙版”选项会建立一个栅格化影像为透明的背景遮色片。

31.在 Illustrator 中彩色图像转灰度有哪几种方法？

把 Illustrator 文件转化为灰度模式常有三种操作方法：

(1)直接用菜单转化为灰度。选择图形，然后选择菜单“编辑”→“编辑颜色”→“转换为灰度”。

(2)调整色彩平衡。选中图形，选择菜单“编辑”→“编辑颜色”→“调整色彩平衡”。从下拉菜单中选择“灰度”，点击预览和转换的复选框，即可使用滑动条调整黑色的百分比。这种方法可对黑色进行更多的控制。也可以在下拉菜单中选择全局调整，把饱和度滑动条向左拉到－100％。拉动亮度、色温和明度滑动条，可以获得不同的效果。

(3)重新着色图稿。如果以上方法均无足够的控制项，可以尝试一下重新上色图稿选项。在色板面板的底部左边打开色板库菜单，选默认色板。打开后，把灰度色板拖人色板面板中。如果默认的打印色板没有打开，必须先把它打开。

选中图形，然后选择“编辑”→“编辑颜色”→“重新着色图稿”，或点击控制面板中的色轮标识，在重新着色对话框中选择右侧颜色组中的灰度色板集即可。

32.如何在 Illustrator 中设置陷印值？

在 Illustrator 中选择两个或更多的对象，选择“窗口”→“显示路径管理器”。在“路径管理器”调板中，单击对话框右下角的“陷印”按钮（如果没有显示“陷印”图标，则从弹出式菜单选择“显示选项”）将出现对话框。

在对话框中可设置陷印的厚度、高/宽、色调降低等值。此外，对话框中还存在两个有关陷印的选项，是否使用“用印刷色陷印”和是否使用“反向陷印”，选择“用印刷色陷印”项，将建立较亮的颜色陷印到较暗的颜色中，选择“反向陷印”用来把较暗的颜色陷印到较亮的颜色中。

33.如何在 Illustrator 页面输出时添加印刷标记？

具体操作是：①选择“文件”→“打印”。②选择“打印”对话框中左侧的“标记和出血”。③选择欲添加印刷标记的种类。可以在西式和日式标记之间选择。④如果选择“裁切标记”，请指定裁切标记的粗细以及裁切标记相对于图稿的位移。为避免把印刷标记画到出血边上，输入的“位移”值一定要大于“出血”值。

三、印前输出技术

1.在激光照排机上应用的胶片有什么要求?

在激光照排机上应用的胶片有下列要求:①尺寸稳定;②遮盖力强(光学密度 D≥4);③非曝光时间极短,因为必须满足可以接受的逐点曝光和整幅面曝光时间要求;④非曝光区域透明度高,无灰雾(光学密度 D≤0.05);⑤边缘清晰度好;⑥解像力高;⑦可用机器冲洗。

2.照排胶片在使用中应注意哪些问题?

每一批次的激光照排胶片在投入使用前,都应进行基本密度测试及胶片线性化,然后根据测试结果采取相应的工艺措施,如调整曝光量,以及显影定影的温度和时间等。每天都对线性化进行抽测,合理调整显影液定影液的浓度、温度及时间。一般用国产的显影液冲洗胶片,要将药液按 1:4~1:3 稀释。要注意显影温度设定过高会使显影液因蒸发、氧化速度过快而失效,造成胶片灰雾度过高,推荐显影温度为 34℃~36℃。一般要将定影液按 1:4 稀释,推荐定影温度为 28℃~32℃,定影时间为 30~35s。否则会导致胶片灰雾度过高,且密度也达不到要求,更为严重的是形成药液结晶附着在定影辊上,划伤胶片。激光照排的胶片中含有防晕层,在定影、水洗的过程中有一些会脱落,在片基上形成淡蓝色的水斑,可在定影液中加入适量的坚膜剂消除。水洗槽要保持清洁,保证每天更换一次水。

3.进行胶片线性化的步骤是什么?

胶片线性化是指将在计算机中图像信号的显示值与曝光记录在分色片上获得的密度值或网点百分比达到完全对应的工作。不同激光照排系统的胶片线性化的菜单略有不同,但操作原理都是一样的。具体线性化步骤如下:

(1)进行胶片线性化的前提是必须固定感光材料的品牌,显影液、定影液的型号和浓度,及显影、定影的时间,温度、自动补充量等参数;对激光照排机进行基本密度测试、光强值微调、焦距测试,否则线性化是没有意义的。

(2)选择所需的加网系统、加网线数、分辨率、网点形状及胶片的阴阳性。

(3)预先制作或用照排机系统固有的由0～100%网点(一般级差为5%或10%)组成的网点梯尺文件通过照排机输出,此时,照排机未校准。

(4)用透射密度计对胶片网点梯尺上各级的网点值进行测量并记录,再把这些网点面积实测值输入胶片线性化控制器的实测值输入域中,胶片线性化控制器将自动计算出灰度曲线以控制胶片线性化函数。这个函数实际上是一种查找表,照排机使用该表能保证输出的网点与前端排版软件设定值一致,并针对胶片类型、输出分辨率、加网线数和网点形状的结合创建不同的线性化函数。

(5)胶片线性化函数经过激活应用后,首先对接收到的灰梯网点数据进行补偿,并以此数据控制实际曝光量,使胶片梯尺的输出网点值得到校准。

(6)使用生成的传递函数输出测试样张,测量网点梯尺各级网点值，检查是否达到要求，如果没有达到，还应重复输出并测试未经校正的网点梯尺各级网点百分比，重新生成一个胶片线性化函数，建立线性转换曲线或灰度转换曲线，并可存储多种格式以供调用。

4.进行胶片线性化有哪些注意事项？

在进行胶片线性化时应注意以下几点：

(1)先检查所使用的胶片的感光波长与激光照排机光源的波长是否一致。

(2)在做胶片线性化前要保证冲片机状态正常，即显影、定影药液固定，药液浓度正确，显定影时间、温度固定，这种情况下才可做胶片线性化。

(3)在做胶片线性化之前还要检查图像的实地密度是否适合印刷。一般来说，铜版纸印刷要求实地密度为 4.0 以上，报纸印刷要求实地密度为 3.4 以上，因此，先要调整照排机的光值，以达到要求密度。

(4)调整密度值时，并非密度越高越好，密度太高，会造成线性偏离太远。以网屏 3050 照排机为例，柯尼卡胶片密度一般调整为 4.0～4.2 间，高于 4.2 后，网点应为 50%的地方会升到 60%以上，再用线性化调整，效果不好。密度合适的情况下，网点应为 50%的地方实际值在 50%～56%较好。

(5)冲片机中药液的浓度每天都会发生变化，会影响网点的还原，因此，对于高要求的输出单位应该每天都要做胶片线性化，对于有条件的输出单位也应该每天都做胶片线性化。

(6)更换药液或更换胶片一定要重新做胶片线性化。

5.如何检测激光照排机的输出质量？

照排机检验有以下几个重要指标：①对位精度；②绝对误差

率;③网点扩大率;④网点形状;⑤渐变过渡与平网的均匀性。其中前三个指标可以由仪器测得,可以定量描述,后两个指标主要靠目测凭经验判断。对位精度采用测量四周的对位线的方法来控制。网点的扩大率主要是测定1%、2%、3%……到99%的网点的再现情况,同时可以用放大镜来观察网点形状的好坏。渐变过渡与平网的均匀性借助于0～100%的渐变过渡及50%、60%、70%、80%、90%的平网色块来判别。特别要求四色胶片都要做上述测定,因为不同颜色,其网点的角度不同,其效果也会有不同,所以只有每张胶片都检测,才能正确地判断出这台设备输出质量的好坏。

6.如何创建输出设备的 Profile 文件?

按原定标准打样,用已经校正过的扫描仪或测色仪读入打样稿的 RGB 值,与标准原稿相比较,输入新的参数到输出转换表中,进行校准,多次重复,得到准确的色彩信息,生成输出设备的 Profile 文件。

色彩管理系统在编辑和使用这些设备特征化文件时,均会按照源目标 RGB/CMYK 图像文件到目标显示器 RGB 形式来表现。显示 RGB 源目标到目标彩色打印机 CMYK 之间,均以 CIE Lab 形式来进行颜色管理。因此,这些设备特征文件的正确性和稳定性,直接影响彩色管理系统的工作质量。

7.在印版或胶片输出前应该检查哪些方面的内容?

在输出前应注意检查如下问题:①检查输出时字库是否正常;②检查所使用的汉字字体是否在排版软件中使用有效果;③检查陷印;④检查图像质量,看图片是否存在精度问题,譬如边缘是否有锯齿;⑤检查图像颜色模式;⑥检查文件的完整性;

⑦检查版面尺寸;⑧检查出血;⑨检查角线;⑩检查磁盘的存储空间。

8.如何选择输出挂网角度?

为了避免撞网,理论上来说,相邻两分色版之间的网线角度差应大于22.5°,但实践证明15°、45°、75°、和90°(或0°)这四个角度效果很好。黄版对视觉的刺激比较弱,视觉敏感度较差,因此一般定为90°。视觉对45°角最为敏感,一般将原稿的主色调品红或青定为45°。例如,对于蓝天白云的画面而言应将青版定为45°,对于朝霞、落日的画面就应将品红版定为45°,品红版和青版中的非45°角的一个即可定为15°,黑版定为75°。

9.如何根据图像的特点来选择不同的网点形状?

网点在由小到大的过程中,总有相邻的网点搭接的现象。通常,方形网点在面积率为50%处相邻网点搭接;圆形网点在面积率为78%处相邻网点搭接;菱形网点在面积率为35%~40%处相邻网点出现第一次搭接(菱形的长边搭接),在面积率为60%~65%处相邻网点出现第二次搭接(菱形的短边搭接)。由于网点搭接,会导致印刷品密度的突然上升,因而破坏了印刷品的连续性,造成某些阶调的明显损失。因此,印前工作者可以根据图像的特点来选择不同的网点点形来避开某一区域的密度跳跃。

对于暗调丰富图像,最好不要选择圆形网点;对于中间调丰富的图像,最好不要选择方形网点;菱形网点的图像质量不错,它的搭接部位避开了中间调,并且搭接分成了两次,减弱了密度跳升程度。如果图像反差小、柔和,如人物图像,可用菱形网点;如果图像反差大,可用方形或圆形网点。

10.为什么黑版出现镂空的现象,而不是黑版压印?

黑版压印在印刷上是一个常识问题,如果发排时,黑色文字、线条或色块没有直接压在底色上,轻微的套印偏差就会导致露白边的现象。为了避免这种现象,发排时,在相应的选项中要选"不镂空"或"黑版压印"。在文件发排前检查压印处理情况,通常 PageMaker 中黑色文字自动压印,但一些色块、线条则需自己做,FreeHand、Illustrator 等软件需要设定黑版压印。对于其他颜色需要压印在软件中都需要自己设定,尤其要注意的是设定黑版压印后要检查灰色的地方不可压印。

11.怎样正确选择方正世纪 RIP 中的"用户定义挂网参数"和"网点类型"?

方正世纪 RIP 中,在输出时应慎重选择用户定义挂网参数,如果选择"允许",输出胶片上的网形就不是方正世纪 RIP 中提供的网形,而是用户在扫描得到或图像处理软件中提供的点形,这将不能保证输出胶片网点的质量,甚至会出现莫尔条纹或撞网现象。如果用户在应用程序中选择了蒙版打印,就应该在用户定义挂网参数中选择"不允许",否则就会出现输出的四色胶片网点都是 45°网角而出现撞网,一般情况应该选择"禁止用户网形"。

方正世纪 RIP 网点类型的缺省设置为圆形网点,该网点适于胶印,PSPNT2.0 对圆形网点的输出使用了最新技术,能提高圆形网点的输出质量,对于以人物为主的挂历、画册等图像不要挂方形网点,因为方形网点在 50%处容易产生突变而影响肤色的还原。如果是用于丝网印刷,可选择方正调频网点,然后根据精度和线数选择调频网点的网点尺寸大小。对于凹版印刷,可选择凹印网点，它是方正世纪 RIP 特有的网形，适合于凹印工艺。在选择好网型和挂网目数及挂网角度之后，一定要选上“使用方正精确加网”和“用户定义挂网参数”里的“禁止用户网形”，这样才能使设置的网点各参数（网形、网角、挂网目数）生效。

12.在方正世纪 RIP 中，怎样正确设置“图形镂空参数”?

在方正世纪 RIP 中，“图形镂空参数”的缺省设置为“黑版不镂空”。有的软件称之为“Overprint”，就是指黑色、灰色的文字、线条、色块等压印区域不露白，如果没有特殊要求，应该在选择对话框中不选“允许用户自定义镂空参数”。如果用户在应用软件中设置了其他的镂空参数，或者因为有其他的专色需要进行镂空处理，务必要选中“允许用户自定义镂空参数”。

13.怎样正确地设定“挂网灰度层次数”?

印前输出时，在 RIP 挂网参数设置中增加挂网灰度层次数可以提高渐变的输出质量，但也不是越高就越好。因为人的视觉的分辨能力是有限度的，太高的层次没有太大的意义，层次数越高，RIP 的运行速度也会越慢，在增加挂网灰度层次的同时，必须同时勾选“产生更多网点层次”。根据实践经验建议设置的灰度层次最高不要超过 1024，因为层次高于 1024 以后，也会对 RIP 的运行速度有较大影响。

14.什么是陷印?

陷印原理的最简单解释就是通过内缩和外扩的方法使前景色和背景色产生相互重叠的效果，这样就可以确保两个不同颜色之间不会产生白边现象。外扩对应着前景色对象尺寸扩大，背景色块尺寸保持不变，使前景色块外边叠印在镂空的背景上。内缩对应着前景色块保持尺寸不变，让背景色的镂空部分缩小，让前景色块叠印在背景色块镂空部分缩小的边沿上。通常在陷印处理中,采用内缩还是外扩主要取决于前景色与背景色颜色的对比。

15.在方正世纪 RIP 中输出调频网点时应该注意哪些内容?

方正世纪 RIP 提供了两种调频网点可供选择,使用调频网点可以获得更好的印刷质量,但由于调频网点的印刷工艺与调幅网点有较大不同,如果使用调频网点输出胶片,一定要事先通知后工序,否则会出现晒版时丢网点,导致印刷质量下降的恶性事故。在方正世纪 RIP 中缺省的调频网点大小为 $2\mu m \times 2\mu m$,不过我们也可以根据印刷工艺的不同需要调节调频网点的大小。

16.Windows 系统自带的字体能否用于排版和输出?

Windows 系统自带字体是 TrueType 字体,如果要使用必须将其转换成路径才能正确输出。所以原则上讲,在排版和输出时最好是使用计算机中安装的 PostScript 字体。使用 TrueType 字体易导致发排死机或照排出片时出现乱码。

17.输入稿件内的 RGB 色块未转 CMYK 便输出,其结果和解决办法是什么?

RGB 色彩模式作为一种显示色模式,往往是胶片输出时产生问题的根源。初学者在做印前设计时经常会发现 RGB 色在计算机中色彩显示以及彩喷输出时都没有问题,从而忽略了色彩模式转换。如果 RGB 模式没有转为 CMYK 模式,这样的后果就是在分色片上只有黑版上有图或 4 个色版都有等值的灰度图,而不是所需的彩色图。所以在发排前一定要检查,版面中的图像是否为 CMYK 模式。除此之外还要注意,在 Photoshop 中将图处理好，并将图层合并之后，一定要删除通道。否则发排时，图像信息会有缺失。

有的扫描仪支持 CMYK 扫描模式，而有的扫描仪仅支持 RGB 扫描模式，这时 RGB 模式图像要在图像处理软件 Photoshop 中转化成 CMYK 模式，然后再调入组版软件发排输出。由于印刷时是用 CMYK 四色油墨，而 RGB 的色域大于 CMYK 的色域，所以四色油墨不能完全体现 RGB 所表达的颜色。如果输出中心收到的用户图片都是 RGB 模式，应在应用软件中进行分色打印，以尽可能保证色彩还原准确。同时，方正世纪 RIP 内置有空间转换功能，可对图片进行从 RGB 到 CMYK 的模式转换及色彩管理，选中“允许对设备相关颜色的校色”和“使用 ICC 校色”，并选择适当的 ICC 文件，在“呈色意向”上选择“视觉压缩”即可。

18.怎样正确设置“输出页面”?

对于印刷而言，输出的胶片模式一般为彩色模式或灰度模式，在没有特殊要求的情况下，色版顺序按 C、M、Y、K 的顺序输出。如果用复合色输出，一般不是用于胶片，而是用于彩打或喷绘，因为彩打或喷绘不用像输出胶片那样进行分色，因此也没有色序之分。如果文件制作除了 CMYK 四色以外还有更多别的专色或所有颜色仅做专色输出，此时勾选“允许输出专色”，如果专色之间存在叠印，此时应考虑色版顺序的先后，先后顺序不同可能会导致不同的叠印效果。

19.输出胶片时，怎样正确设置“拼页参数”?

拼页参数是为了更好地利用输出胶片的最大尺寸来对输出文件进行拼页以有效地利用和节省胶片资源。“禁止拼页”将不管文件尺寸大小都会以每个文件(对于单色文件)或每个单色(对于多色文件)占用一行,如果文件尺寸很小,对于大幅面的照排机来说是一种巨大的浪费,因此很少用“禁止拼页”功能。

“允许同一作业拼页”是指允许一个彩色文件的各单色进行拼页输出,“允许任意方式拼页”是指不同的文件之间也可以进行拼页,以上的两种情况可以依据文件尺寸大小和文件是单色还是彩色等情况来计算排列方式,以便节省胶片。

20.FreeHand 文件在输出时常会碰见哪些问题?如何解决?

(1)跳字现象。在排版时有时会遇到简、繁字混排的情况,某些字体中简、繁字的字距、行距描述不同会导致出现跳字现象,解决方法是将简、繁字分开处理、定位。

(2)跳图现象。FreeHand 有图像文件的自动更新功能,对于“插入文件里面”的图在某些时候不起作用(如 FreeHand 文件较大时)。因此,当我们改变图像尺寸后,在计算机内检查文件时,并不能发现异常现象,但在输出时就会发现图的位置已经改变。解决方法是在修改图像后,把图重新置入。

(3)灰度图变成了四色图。在 FreeHand 软件中置人 EPS 的灰度图,输出时会把图自动分成四色,解决的方法是需要将图存成 TIFF 格式。

21.FreeHand 中字体采用“加粗”功能后输出时出现糊字现象,如何解决?

这种字体“加粗”功能适合于西文,对于中文应尽量避免使用,如果实在需要加粗中文字体,应选用相应的中文字体,如选粗宋体或大黑体。如没有相应的粗体字,则可在 FreeHand 中利用“Fill and Stroke”来做,即在汉字周边加入不超过原字号大小的3%，如字体本身就是粗体字，则这个比例应该适当减小。

22.在报业印刷中，异地输出时在字体方面应该注意什么？

(1)对代印点的环境要有细致的了解，了解代印点的飞腾版本、RIP版本、前端的TrueType字库、后端的字库；并要及时知道代印点这些情况的变化，以做相应的字体配置。

(2)代印的方式有两种：即把PS文件传到代印点或把FIT文件传到代印点，为了保证准确无误地印刷，要明确不同代印方式应该注意的问题。①对传PS文件的，客户打样的RIP环境最好要和代印点照排的RIP环境完全一致。如果不一致，将有可能出现大量重复的校样和修改。②对传FIT文件的，客户的飞腾版本、字体配置和环境配置等要和代印点用来生成PS文件的飞腾版本、字体配置和环境配置保持一致。如果不一致，将会出现复杂的字体替换，替换错了，就会导致印刷错误，即使替换是对的，如果客户所设的字体代印点没有，也会导致印刷错误。

(3)设置下载字体。如果在Windows系统里安装了方正的兰亭字库，要根据后端是否安装了对应的后端字库来设置下载属性。最好是在RIP端装上与之对应的后端字库。如果没有安装对应的后端字库，就要通过下载字体来实现。下载字体会导致PS文件较大、降低输出的速度、降低字的精度、占用系统的资源较多和出现其他一些不确定的因素，这就可能会产生错误。为此，对品质要求高的客户应该安装对应的后端字库。否则必须花费更多的校对时间。

23.照排机输出时文字沿出片方向缩短或四色胶片对位不准的原因及解决方法是什么？

照排机在使用一段时间后，发生四色胶片对位不准，严重时发生胶片上的版面比激光印字机出的纸样版面明显缩短，胶片上的文字被压扁的情况。出现这类问题一般与胶片传动速度不均匀有关。此外，灰尘以及胶片药膜上脱落的细微颗粒长期粘在胶辊上，造成胶辊打滑，使胶片不能匀速传动，也会导致文字被压扁。遇到这类问的解决办法就是必须用胶辊专用清洁剂将胶辊擦拭干净。

24.使用照排机输出时，出现黑线怎么办？

使用照排机在进行胶片输出时出现黑线，这可能是由以下几个原因造成的：①冲片机在冲片过程中出现划片子现象。定影前划药膜面是出黑线，定影后划片子或定影前划片基是出白线。将未经过照排机的胶片直接放人冲片机中冲洗，如果出黑线则表明问题出在冲片机的进片口和显影槽内，仔细擦拭进片口，并将槽内各辊认真清洗直至没有黑线出现为止。②收片夹存在划片子现象。可将未经过照排机的胶片装入收片夹，再送入冲片机内冲洗，有黑线说明是收片夹的问题，可将收片夹上的两个螺丝拧下，打开收片夹擦拭导片辊及出片口，直到黑线消失。③送片夹存在划片子现象。直接拿一卷新片子，不经送片夹直接经照排机入冲片机冲洗，没有黑线则表明送片夹划片子，打开擦拭。④照排机本身出黑线现象，需要擦拭所有导片辊，检查裁刀，必要时联系设备提供商。⑤将室内湿度加大，如果能解决，尤其是在室内地面湿润时黑线消失或减少，就一定要加大室内湿度。

25.在输出胶片上有不规则的断线、划痕、黑点、脏点等现象，原因分别是什么？

发排时胶片出现不规则的断线，如果是沿着激光扫描线方向发生的，则可能是激光扫描系统出现问题。如果胶片上出现“道子”和“杠子”现象，则说明是胶片问题。

对于胶片出现的划痕，如果划痕发生在药膜面，则会影响胶片质量；如果划痕在防光晕面，则可以用纱布蘸酒精擦拭去。造成这一现象的原因大多是照排机或冲洗设备的走片通道上有毛刺现象。因此，可以检查装片盒、收片盒和走片通道。

输出时发现印刷胶片上出现许多杂乱无章的黑点或者黑道，这是由于光点扫描起始位置，或者光栅锁相电路偶尔发生异常，使激光的扫描线相互之间不能严格对齐而产生了黑点、黑道现象。这种故障一般要请专人修理，原因一般是照排机本身造成的，譬如照排机的供电电源、接地质量不合格。如果胶片上出现的黑点可以使用蘸酒精的纱布擦去、说明这类黑点为脏点，原因可能是水洗不干净、不彻底；或是水洗的水不干净、含有药水；或是输片滚轮有药液结晶。

26.如果印刷胶片冲洗出来，发现底灰过大或光学密度不够，原因分别是什么？

印刷胶片冲洗出来略带底灰就是通常所说的“灰雾”现象，如果胶片上局部灰度过大，则可能是漏光造成的，如果整张胶片上灰度均匀地过大，则可能是由于胶片保存过期；或是冲洗过程中冲洗速度过慢、显影温度过高、显影时间过长；或是暗室有散光或安全灯不符合要求造成的。

印刷胶片的光学密度不够主要是指经过曝光处理后的文字图像或实地区域的黑化程度不够，也就是印刷行业俗称的“太薄”，造成这一现象主要有胶片本身、照排和冲洗过程三方面原因。照排机造成的原因有：激光功率不足，即曝光强度不够；声光调制器移位；光路问题等。

27.如何正确识别胶片的药膜面？

生产现场对胶片药膜的识别方法一般有：人工刮膜识别法和肉眼观测识别法。人工刮膜识别胶片药膜面就是在胶片上对应印刷成品以外的部位采用刀片刮，如果所刮的一面药膜有损坏，刮痕处出现透光现象，说明该面就是药膜面。用肉眼观测识别的方法是观察比较正反两面的区别，胶片的药膜面比较暗，而非药膜面（基面）则比较光亮，有明显镜面效果。如果对同一块网纹版的胶片进行识别，当胶片的药膜面向上进行目测时，胶片有昏暗的感觉，并且感觉网点密度比较大，而将胶片药膜面向下进行目测检查时，则感觉胶片比较明亮、有光泽，并且网点密度也显得小。如果判断不正确，晒制网纹版时，胶片药膜面没有与印版表面直接接触，晒制出来的网点就会出现变小的现象，影响印刷复制的质量。

28.如何正确识别胶片的网点大小？

一般1～10成的网点比较常用，并且也易于肉眼的识别。鉴别5成以内网点的成数，是根据对边两网点之间的空隙能容纳同等网点的颗粒数来辨认的。即在对边的两颗网点之间的空隙内，能放置三颗同等大小的网点，就是1成的网点；若在两颗网点间的空隙内，能容纳两颗同样大的网点，则是2成网点；而在两颗网点间的空隙内，能容纳1.5颗同样大的网点，则是3成网点；要是在两颗网点之间能容纳1.25颗同样大小的网点，就是4成网点；倘若在两颗网点之间能容纳1颗同样大小的网点，也就是说，单位面积内印刷网点与白点各占一半，就是5成网点。而5成以上网点的判别，则是以对边两白点之间能容纳多少同样大小的白点来衡量的。从网点成数的规律表现情况来看，两白点间距内所容纳的网点数，正好 6 成与 4 成相同；7 成与 3 成相同；8 成与 2 成相同；9 成与 1 成相同。10 成网点就是实地版，若版面是实地版的，由于没有网点间隙，不存在斜向透光现象。

29.如何正确识别胶片的颜色信息？

一般情况下，在印前输出时应该标注各分色版的色标便于之后晒版印刷过程的正常进行，但如果有些胶片上不带色标，我们可以用胶片上特征色块对照彩色原稿上特征色块做出对比后进行辨认，并用油性笔标注。也可以根据加网角度进行判断，通常黄版角度为 0°、黑版为 75°、主色版为 45°。此外，还可以根据图像版面信息来判断，如果图像版面信息大，多为黄版；如果图像版面信息少，文字多，大多为黑版。

30.导致印刷胶片意外曝光的原因有哪些？

导致印刷胶片意外曝光的原因很多，有胶片本身的问题，也有装片、收片、冲洗时操作不当造成的。如果漏光现象频繁，则可能是装片盒或收片盒密封不严，或者是片盒与照排机结合处不严造成的。

31.胶片输出时发现版面内容不全的原因是什么？

如果胶片的版面内容出现局部空白现象，往往是激光扫描光路受到意外遮挡造成的，应该检查光路中是否有异物，或者激光管、反光镜是否有松动、位置发生变化的情况。

如果胶片的版面内容出现局部黑块现象，其主要原因是胶片局部漏光，或者显影时胶片出现了相互重叠的情况。

32.文件输出后只有黑版才有角线，其他版没有角线，怎么办？

造成这一现象的原因是角线的颜色设置为黑色，而不是套准色，针对这一现象最好的解决办法是重新输出胶片，并要将角线的颜色从 K100％ 改为 C100％，M100％，Y100％，K100％，即将单色黑改成四色黑。当然，如果印刷品要求不是很高，可以考虑对准图像，手工加角线。

33.输出时发现黑版尺寸有误，补出的黑版与原来的色版套不准，怎么办？

两次输出时由于操作的环境温度、机械张力大小存在差异，可能会导致输出胶片存在尺寸误差，从而使补出的黑版与原来的色版套不准，解决问题的最佳方案是将所有的色版重新输出一遍。这种方法虽然比较浪费，但也是最保险的办法。如果印刷品要求不是很高，也可以考虑对准图像手工加角线。

34.如何解决 CTP 印版输出时暗调糊版的问题？

造成这一现象的原因可能是在曝光和显影两个环节。

(1)曝光环节：曝光不足；解决对策：①在正确设置下曝光；②重做线性调整。

(2)显影环节：①显影液过稀；②补充显影液不足；③补充泵存在问题；④显影液疲劳；⑤电导率传感器表面脏或出现问题；⑥显影温度太低；⑦冲洗不充分；⑧传送速度过快。对应的解决对策：①按正确比例重配显影液；②重新设置正确的补充条件；③检查管道、水泵是否存在问题；④更换药液；⑤清洁、修理传感器；⑥设置温度为 30℃；⑦检查喷淋孔是否堵塞，确保水量合适；⑧确保传送速度正确。

35.如何解决 CTP 印版输出时平网不均匀的问题?

造成这一现象的原因可能是在曝光和显影两个环节。

(1)曝光环节:①在室内光源下久置造成灰雾;②焦距不正确。解决对策:①室内应使用紫外线过滤光源;②请制版机厂商调整焦距。

(2)显影环节:①显影机刷子压力不足;②串棍、辊子脏。解决对策:①调整显影机刷子的压力;②清理串棍、辊子。

此外,由于曝光不足造成失焦也是平网不均匀的原因。解决对策:①调整曝光时间;②清理滚筒表面。

36.如何解决使用外鼓式 CTP 机输出印版时平网粗糙、出现线条状的问题?

目前大多数外鼓式 CTP 机激光头通常都是由丝杆和步进电机控制,激光头的底座放在滑道的 V 型槽内,所以使用一段时间后,由于缺油等情况,机器容易出现平网上深浅不一的问题,如果在正常使用情况下出现,可以做如下操作解决:①清洁丝杆和滑道残留的油污;②在滑道和丝杆上分别加上不同的润滑油,同时来回运行丝杆,保证充分润滑。

37.如何解决 CTP 印版输出时高光处网点丢失的问题?

造成这一现象的原因可能是在曝光和显影两个环节。

(1)曝光环节:①过度曝光;②在室内光源下曝光造成灰雾;③线性调整不正确;④调焦不正确;⑤真空泵抽真空不完全,致使印版没有紧靠滚筒表面。对应的解决对策:①在正确设置下曝光;②使用紫外线过滤光源;③重新做线性调整;④请制版机厂商调整焦距;⑤调整真空泵。

(2)显影环节:①显影液过浓;②显影液补充过多;③电导率

传感器表面脏或出现问题；④显影温度过高；⑤传送速度过慢。对应的解决对策：①按正确比例重配显影液；②重新设置正确的补充条件；③清洁、修理传感器；④设置温度为30℃；⑤检查和调整传送速度。

38.如何解决CTP印版输出时印版上残留药膜的问题？

造成这一现象的原因可能是在以下几个方面。

(1)制版机因素：①曝光不足；②由于鼓表面的脏点而造成的模糊。对应的解决对策：①检查曝光设置；②检查输出(校准激光)；③清洁鼓的表面。

(2)显影环节：①显影液过稀；②补充液过稀；③显影液补给不足；④补充泵出现问题；⑤显影液疲劳；⑥电导率传感器表面脏或出现问题；⑦显影温度太低；⑧冲洗不充分；⑨传送速度过快。对应的解决对策：①按正确比例重配显影液；②重新设置补充液的浓度；③增加显影液的补给；④检查管道、补充泵是否存在问题；⑤更换药液；⑥清洁、修理传感器；⑦设置温度为30℃；⑧检查喷淋孔是否堵塞，确保水量合适；⑨检查传送速度。

(3)版材储存环境：环境温度过高。对应的解决对策：建立适合存储的环境。

39.如何解决CTP印版输出时印版上出现划痕的问题？

造成出现直线状单方向规律间隔划痕这一现象的原因可能是以下几个方面：

(1)制版机因素：制版机内部造成的划痕。对应的解决对策：清洁传送系统(带子、辊子等)。

(2)显影环节：①辊子上的脏点；②印版和浮盖的接触。对应的解决对策：①清洁辊子，除去脏点；②提高浮盖的位置避免与印版接触。

(3)由于保护胶过多造成条纹,误认为是划痕。对应的解决对策:用水擦洗来辨别是保护胶造成的还是真正的划痕。

造成出现不规则方向和形状划痕这一现象的原因可能是以下几个方面:

(1)未显影版材的处理:①处理时的划痕;②衬纸造成的划痕。对应的解决对策:①处理时用衬纸,并戴手套,注意轻拿轻放;②轻轻除去衬纸。

(2)显影环节:显影过度。对应的解决对策:检查并且调整显影条件。

(3)制版后的处理:①处理时的划痕;②胶液过稀。对应的解决对策:①处理时轻拿轻放;②正确稀释保护胶。

40.如何解决CTP印版输出时印版上出现条杠的问题?

CTP印版上出现条杠是很常见的问题,能够引起条杠现象的原因一般有:①CTP激光头移动受阻,如丝杆和步进电机之间存在故障。②CTP版材问题,一般地说,如果版材本身存在缺陷,也可以导致这一故障出现,可以不曝光,冲一张版测试一下实际情况,如果测试情况良好,应该可以排除版材原因。③显影方面的原因,目前这方面引起这一故障的现象比较多,查看显影时间、温度以及显影液的浓度和电导率等参数是否正确,在不改变CTP曝光参数的情况下,减少显影时间,测试版材,正常后,可使用。

四、印刷方式及工艺

1.什么是凸版印刷？

使用凸版（图文部分凸起的印版）进行的印刷简称凸印。是主要印刷工艺之一。凸版印刷的原理比较简单。在凸版印刷中，印刷机的给墨装置先使油墨分配均匀，然后通过墨辊将油墨转移到印版上，由于凸版上的图文部分高于印版上的非图文部分，因此，墨辊上的油墨只能转移到印版的图文部分，而非图文部分则没有油墨。印刷机的给纸机构将纸输送到印刷机的印刷部件，在印版装置和压印装置的共同作用下，印版图文部分的油墨则转移到承印物上，从而完成一件印刷品的印刷。柔性版印刷是凸版印刷中很有发展前途的工艺，由于其绿色环保的生产方式，柔性版印刷已应用于各类印刷产品，能够满足各类纸与纸板包装和塑料薄膜等产品的印刷需要。典型的产品应用有：扑克牌、牛奶盒、烟包、药包、化妆品盒、铝箔标纸、方便面碗盖、圆筒包装贴、纸杯、产品标识用吊牌标签、医用包装袋、清洁袋、茶叶袋、铝塑牙膏软管、笔记本、信封、瓦楞纸箱等。

2.什么是平版印刷？

由于平版印刷印版上的图文部分与非图文部分几乎处于同一个平面上，在印刷时，利用油水不相容的原理来区分印版的图文部分和非图文部分。首先由供水装置向印版的非图文部分供水，从而保护了印版的非图文部分不受油墨的浸湿。然后，由印刷部件的供墨装置向印版供墨，由于印版的非图文部分受到水的保护，因此，油墨只能供到印版的图文部分。最后是将印版上的油墨转移到橡皮布上，再利用橡皮滚筒与压印滚筒之间的压力，将橡皮布上的油墨转移到承印物上，完成一次印刷，所以平版印刷是一种间接的印刷方式，人们也将这种印刷方式称为“胶印”。这种印刷方式网点清晰、层次丰富且色彩的再现性比较好，一般应用于杂志、报纸、书籍、广告、金属印刷等方面。

3.什么是凹版印刷？

凹版印刷简称凹印，是一种直接的印刷方法，它将凹版凹坑中所含的油墨直接压印到承印物上，所印画面的浓淡层次是由凹坑的大小及深浅决定的，如果凹坑较深，则含的油墨较多，压印后承印物上留下的墨层就较厚；相反如果凹坑较浅，则含的油墨量就较少，压印后承印物上留下的墨层就较薄。凹版印刷的印版是由一个个与原稿图文相对应的凹坑与印版的表面所组成的。印刷时，油墨被充填到凹坑内，印版表面的油墨用刮墨刀刮掉，印版与承印物之间有一定的压力接触，将凹坑内的油墨转移到承印物上，完成印刷。凹印制品墨层厚实、颜色鲜艳、饱和度高，印版耐印率高、印品质量稳定、印刷速度快等优点在印刷包装及图文出版领域内占据极其重要的地位。凹印主要用于杂志、产品目录等精细出版物及钞票、邮票等有价证券的印刷，随着国内凹印技术的发展，已经在纸张包装、木纹装饰、皮革材料、药品包装上得到广泛应用。

4.什么是孔版印刷？

孔版印刷又叫丝网印刷，即采用丝网做版材的一种印刷方式。具体的方法是在印版上制作出图文和版膜两部分，版膜的作用是阻止油墨的通过，而图文部分则是通过外力的刮压将油墨漏印到承印物上，从而形成印刷图形。其原理为在平面的板材上挖割孔穴，然后施墨，使墨料透过孔隙漏印到承印物上。孔版印刷是一种灵活的印刷方式，印制范围广泛，主要有玻璃瓶、塑胶瓶、陶瓷、电路板、铁皮、布花、纸张印刷及其他立体面的印刷等。

5.需要印刷的出版物有哪些？

需要印刷的出版物包括：报纸、期刊、书籍、地图、年画、图片、挂历、画册，以及音像制品、电子出版物的装帧封面等。

6.什么是出版物印刷？

与报纸、期刊、书籍、地图、年画、图片、挂历、画册，以及音像制品、电子出版物的装帧封面等相关的印刷经营活动，包括排版、制版、印刷、装订等。

7.出版物印刷工艺有哪些流程？

印前工艺包括出片、打样和制版，上机印刷完后进行印后加工、检验出厂。

8.什么是付印样核检？

付印样核检指对那些即将打印或印刷的图文信息进行的最后一次清样检查。如果质量在合格以上，就可以付印了；不合格的付印样则就视为差错，需要重新进行校正。

9.什么是印装工艺审核？

一本出版物的生产工艺要求，通常是在印前制作环节由设计师与社方编辑确定下来的，往往没有征求印刷单位的意见，因而不能避免有的设计不符合印刷装订的技术要求，如分色制版加网线数在 175 lpi 以上，却要求用纸表相对粗糙的轻型纸印刷；封面图案墨层设计厚实且面积较大，却选用了纸表涂布较多且不易干燥的特种纸来印刷；勒口后纸张易破裂却在勒口处设计了实地印刷色块；内文设计叠印图案过多却使用高速轮转机印刷；分色制版时没有做陷印处理等。通过印刷装订工艺的审核，就能在开机印刷前检查出不当的工艺设计，从而避免印后的质量事故和不必要的损失。同时，通过工艺审核，还能明确之后的工艺重点和难点，从而确保印装质量符合出版物的设计要求。

10.什么是拼版工艺？

拼版是指将要印刷的页面按其折页方式按页码顺序排列在一起，其大小由印刷幅面及印刷纸张的大小来定。

11.拼版工艺注意事项有哪些？

常言道“七分制版三分印刷”，说的是制版极其重要，版都制不好，再好的机器再好的技术，印刷效果也不会好。拼版环节是印前制作的重要环节，所以应注意以下几点：

（1）严格按照折手页码规律拼贴胶片；

（2）严格按照折手位置准确拼贴胶片，误差控制在标准要求之内，以确保多色印刷的套印精确程度；

（3）拼版中要检查所拼胶片的图文质量和胶片本身的完好程度，不能将图文残损的胶片，以及本身有折痕毁损的胶片拼在大版中；

（4）拼好后的对开大版胶片应保持整洁干净，胶片上所用的胶带粘贴位置也应远离图文部分 7 mm 以上，以便晒版后除脏。

12.晒版工艺注意事项有哪些？

晒版是将载有图文的胶片、硫酸纸等其他有较高透明度的载体上的图文，通过曝光将图文信息转移到 PS 版上的工作。

晒版应注意以下几点：

(1)晒版时间的控制，应根据晒版光源、感光材料、显影液浓度等之间的关系确定正确的曝光时间。确定网版最佳曝光时间的方法有几种，一般地说，感光乳剂的生产厂家会针对自己的产品提供曝光的基本参数，可以参照这些参数选择适合自己的最佳曝光时间，或采取分级曝光测试法、曝光测试条测试法确定曝光时间。

(2)显影条件的控制，正确的曝光要有正确的显影来配合，显影条件包括显影液的化学成分、温度、显影时间及机械搅拌等，并应经常补充和更换新液。

13.印刷要素有哪些？

(1)原稿：即出版社提供的付印样(签字付印清样)。

(2)印版：用于传递油墨到承印物上的图文载体。

(3)承印材料：是承接印刷过程中的油墨并呈现图文信息的各种物质，通常为各种纸张，如新闻纸、书写纸、双胶纸、轻型纸、铜版纸等。当然随着发展，印刷载体也呈现非纸类的变化。

(4)油墨：是在印刷过程中按照原稿要求被转移到印刷载体并呈色的着色物质。油墨由色料、联结料及辅助剂构成，是一种带色泽、细腻且稳定的胶状物，具有一定的流动性，能在纸张等载体上着墨后干燥结膜。

(5)印刷机械：是用于印刷生产的各种机器总称。印刷机械一般由给纸部件、收纸部件、输墨部件、印刷部件组成，胶印机一般还有一个输水部件。

14.出版物印刷注意事项有哪些？

(1)单张纸印刷时

①应保持车间恒温恒湿，注意印刷纸张开料后密封保持，避

免其吸水受潮,否则极易导致印刷中出现纸张打皱,或单面印后纸张边沿起“荷叶边”现象,以致影响第二面正常印刷。

②监控好印刷过程，避免出现两张纸同时通过印刷机的情况,一旦发现应及时从收纸垛中全部剔除,否则极易导致成品出版物中某印张全部是白页的现象。

③注意正确备纸,不将有“纸病”的纸张用于批量印刷,否则有破洞、残缺、油污的纸页将混杂在成品出版物中。

④印刷中一旦发现残纸现象,应立即停机剔除全部残纸,同时还要扩大检查已印部分,检查其是否因其他残纸的影响导致已印部分出现图文残缺。

⑤应确保印件的印刷质量达到出版社和行业质量要求,注意勤停机擦除橡皮滚筒上的纸粉,以使成品印刷图文清晰和墨量饱满。

(2)卷筒纸印刷时

①注意在不同季节应更换相适应的油墨,确保轮转机印刷折页完成后,在后续的工序中,不会因挤压打捆或装订裁切中的压力而使相连书页出现印迹相互粘脏的现象。

②勤查印刷品质的稳定性,一旦发现墨色偏差过大应立即调整,以使其尽快恢复到正常值范围内,否则将因质量问题将导致大量的纸张浪费。

③双色套印设计的出版物,若精度要求较高,如人物双色套印,文字双色套印、图形中的双色套印等,则通常不选择轮转双色机印刷,否则会出现套印偏差大导致出版物质量不合格的情况。

④印量太小的出版物也要慎重选轮转机印刷,一是纸张本身浪费大,二是墨色深浅浓淡一致性较差。

⑤卷筒纸印刷所用纸张,要接头少抗拉系数大的纸张,否则印刷效率会受到较大影响。

五、印刷设备

1.印刷机如何命名?

(1)国产印刷机的命名

印刷机的型号名称一般要能表示机器的类型、用途、结构特点、纸张规格、印刷色数、自动化程度等特性。产品型号由主型号和辅助型号两部分组成。主型号表示产品的分类名称、印版种类、压印结构形式等,用大写汉语拼音首字母表示。辅助型号表示产品的主要性能规格和设计顺序,用阿拉伯数字或字母表示。分类名称(印刷机)代号用“印”字的拼音的第一个字母“Y”表示,版种类代号字母含义见表2—1。

表2—1 印版的对应代号字母

印版种类	凸版	平版	凹版	孔版	特种
代 号	T	P	A	K	Z

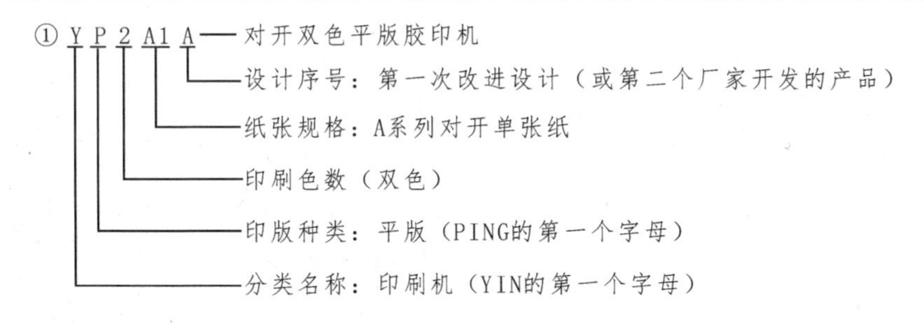

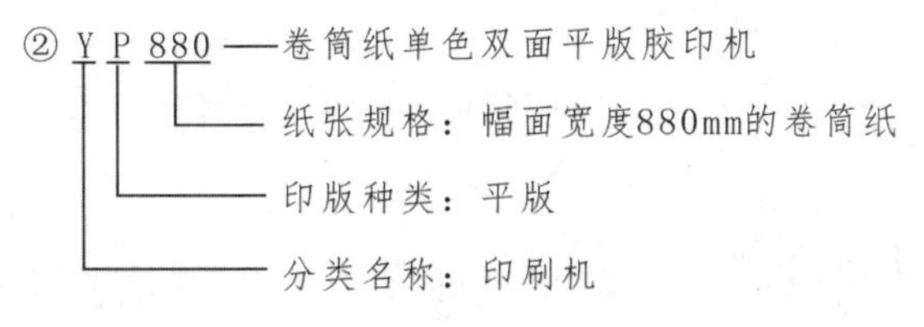

图2—9 国产印刷机的命名

(2)国外印刷机的命名

国外生产的印刷机每个公司都有自己的命名方法，并没有统一的命名规则可循，在我国常见的进口印刷机型号有海德堡Speedmaster 102－4 型机、海德堡 Speedmaster CD 102－4LYYL(X)型机、海德堡 M 600 型机、罗兰 704 型机、高宝利必达 105－4型机、小森丽色龙 S 440 型机、三菱钻石 3000－4 型机、秋山 J Print 4p440 型机等。命名中字母及数字的含义如图 2—10 所示。

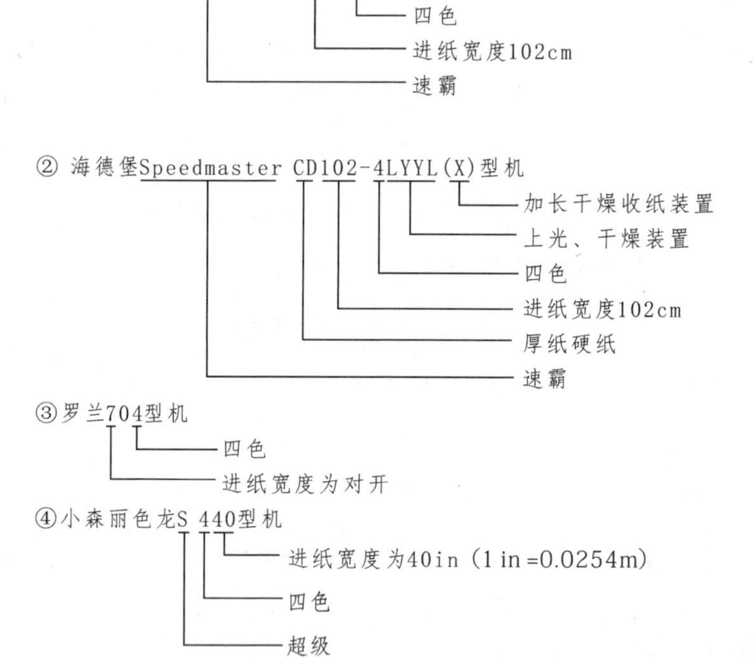

图 2—10 国外印刷机的命名

2.胶印机如何进行分类?

(1)按用途分有书报胶印机、包装胶印机、证券票据胶印机等；

(2)按纸张形式分有单张纸胶印机和卷筒纸胶印机；

(3)按纸张幅面分有全开机、对开机、四开机、八开机等；

(4)按色组分有单色机、双色机、多色机；

(5)按印刷面数分有单面胶印机和双面胶印机。

3.单面单色平版印刷机的印刷原理及用途是什么？

单面单色平版印刷机有三个滚筒，分别为印版滚筒、橡皮滚筒、压印滚筒。印刷时，印版上的图文先转印到橡皮滚筒上，承印物在橡皮滚筒与压印滚筒之间通过，完成图文的印刷。这种印刷机印出的网点结实，主要用于印刷单色印刷品。

4.三滚筒单色胶印机的滚筒排列方式有哪几种？

常见滚筒排列方式有垂直排列、水平排列、直角排列和七点钟排列，如图 2—11 所示。

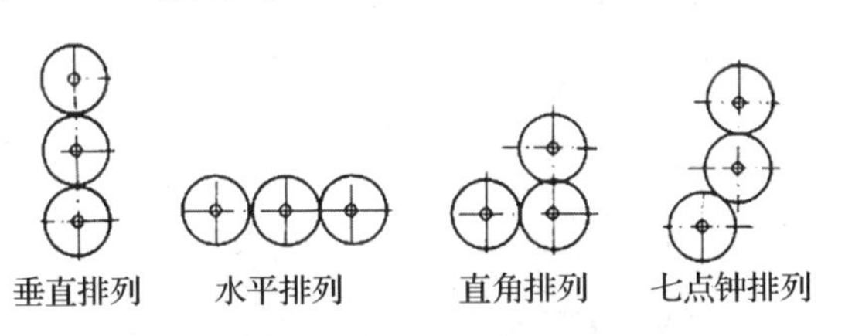

图 2—11　三滚筒单色胶印机的滚筒排列方式

从滚筒更换、调节、使用、维修以及占地面积、受力均匀性和工作稳定性等方面考虑，垂直排列和水平排列已经淘汰。直角排列占地面积较小，且易于更换印版、橡皮布、衬垫，便于清洗和调压。七点钟排列除了具备直角排列的优点外，还有利于布置前规定位部件，既能保证操作方便又占有较小的空间，因而被广泛采用。

5.单面多色胶印机有哪几种常见结构？

单面多色胶印机常见结构有五滚筒多色胶印机、机组式多色胶印机和卫星式多色胶印机。

(1)五滚筒多色胶印机两个色组共用一个压印滚筒，且滚筒直径相等。按照滚筒的排列形式有横“V”型和正“V”型两种，如图 2—12 所示。横“V”型滚筒排列结构紧凑、简单、套印准确、占地面积小、易于操作和维修，因而被广泛采用。

五个滚筒分别是两个印版滚筒、两个橡皮滚筒、一个压印滚筒。两个印版上的图文转印到两个橡皮滚筒上，承印物先在第一个橡皮滚筒和压印滚筒之间通过，然后在第二个橡皮滚筒和压印滚筒之间通过，共享一个压印滚筒完成单面两个颜色的套色印刷。如果只有一个机组就是双色印刷机，有两个机组就是四色印刷机。五滚筒多色印刷机的优点是占地面积小、印刷效率高，制造成本也相对较低；缺点是每个机组两种颜色容易产生混色。这种印刷机主要用于单面印刷，与机组型三滚筒平版印刷机一样，也非常适合印刷色彩精美的画册、挂历和精致的封面等印刷品。

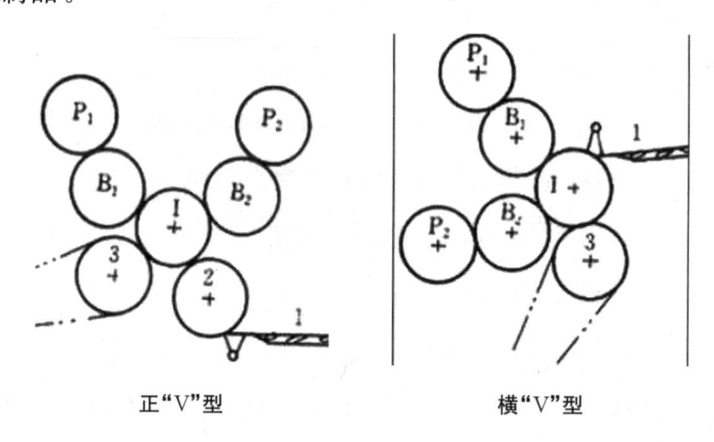

图 2—12 五滚筒多色胶印机滚筒排列形式

(2)机组式多色胶印机每个机组有三个滚筒，分别是印版滚筒、橡皮滚筒和压印滚筒，每个机组的印刷原理类似单面单色平版印刷机。如果只有一个机组，就是上述的单面单色平版印刷机，有两个机组称为双色印刷机，有两个以上机组称为多色印刷机。机组型印刷机通过翻纸滚筒也可以完成双面印刷,但主要用于单面印刷。三滚筒多色印刷机的优点是印出的网点结实,一次就可以完成印刷品的全部套色,印刷效率高,最适合印刷精美的画册、挂历和精致的封面等印刷品。图 2—13 所示为机组式四色胶印机的滚筒排列示意图。

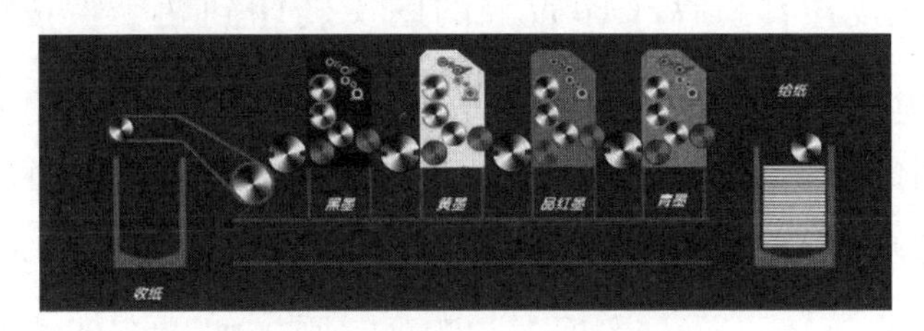

图 2—13　机组式四色胶印机的滚筒排列示意图

(3)卫星式多色胶印机是在一个共用的压印滚筒周围配置四组印版滚筒、橡皮滚筒以及输墨和润湿装置,纸张经过一次交接,压印滚筒转一圈,即完成了四色印刷。其结构如图 2—14 所示。这种结构的印刷机套印准确,但是结构庞大且复杂,印刷品比较容易混色。因此,一般用于彩色报纸印刷,很少用于书刊印刷。

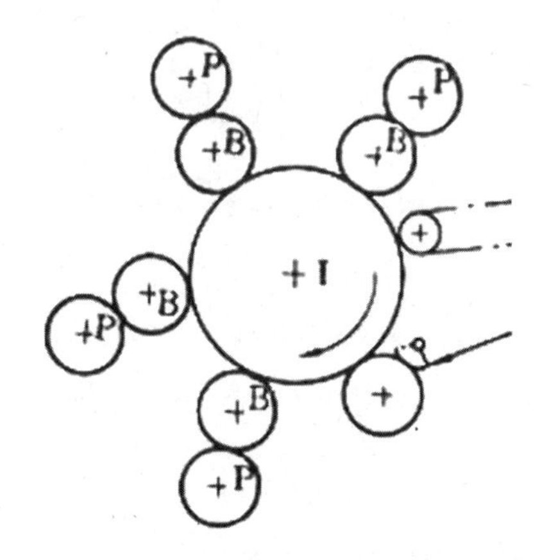

图 2—14　卫星式多色胶印机的滚筒排列示意图

6.双面胶印机有哪几种常见结构?

双面胶印机常见结构有B—B型双面胶印机、机组式可翻转双面胶印机。

B—B型(对滚式)胶印机为四滚筒型,分别是两个印版滚筒、两个橡皮滚筒。两个印版上的图文转印到两个橡皮滚筒上,承印物在两个橡皮滚筒之间一次通过,即完成双面印刷。由于没有专用的压印滚筒,承印物是在橡皮滚筒与橡皮滚筒之间完成印迹转移,故称为"B—B型"。其结构如图2—15所示。这种印刷机的最大特点是一次通过,双面印刷。如果有四个机组,一次就能完成正反两面八个颜色的套色,大大加快了书刊印刷的速度,特别适合印刷一般书刊的正文、彩色期刊、普通彩色画册等。但是,由于承印物是在两个橡皮滚筒的压力下完成印迹转移,压力较小,所以网点扩大相对较大,印制精美画册不如机组型单面平版印刷机。

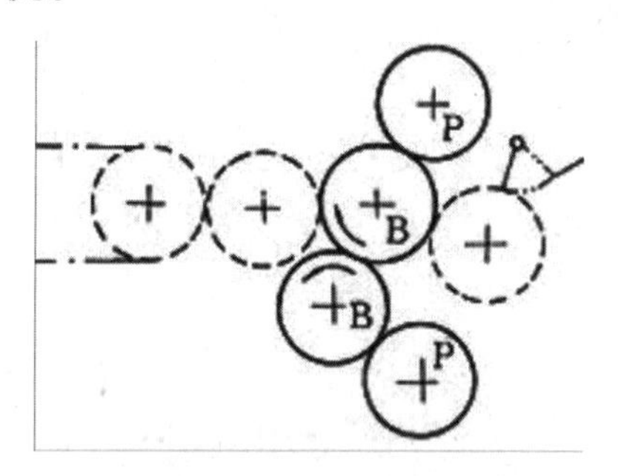

图2—15 B—B型双面胶印机的滚筒排列示意图

机组式可翻转双面胶印机是在多机组胶印机之间加上纸张翻转机构,纸张通过滚筒翻转印刷另一面,纸张传送时噪声小、平稳且套印准确。如图2—16所示。

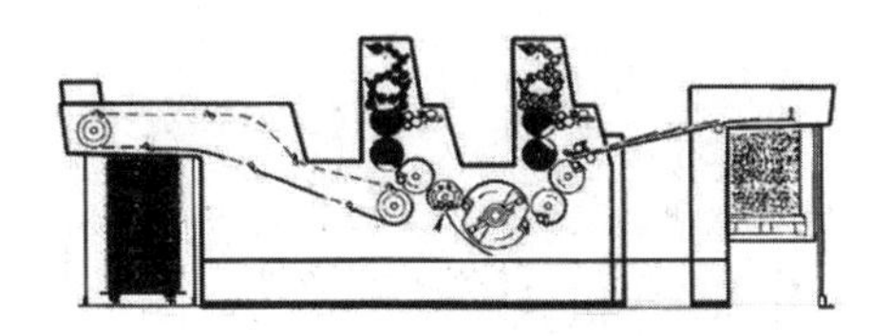

图 2—16　机组式可翻转双面胶印机

7.单张纸印刷机和卷筒纸印刷机的特点是什么？

按照输纸方式分类，平版印刷机可以分为单张纸印刷机和卷筒纸印刷机。

单张纸印刷机都有一个输纸器，纸张呈堆叠状态，通过连续式输纸装置完成纸张的分离，并将分离的纸张平稳准确地送到滚筒之间。单张纸印刷机的特点是印刷精度高、承印物种类多、纸张浪费少，但是印刷速度比卷筒纸印刷机慢，主要用于印刷精度高、印数不大的书刊等。

图 2—17　单张纸印刷机

卷筒纸印刷机采用卷筒纸印刷，绝大部分都是一次通过、双面印刷，印刷速度比单张纸印刷机要快得多，特别适合印刷印数大的书刊。

图 2—18　卷筒纸印刷机

8.平版印刷机有几大机构？

平版印刷机的主要机构有传动机构、输纸机构、印刷机构、输墨机构、润湿机构、收纸机构。

9.单张纸胶印机中输纸机构的作用是什么？

在胶印机中，输纸机构的作用是自动、平稳、准确地按照输纸工艺的要求有节奏地将纸张一张一张地输送到印刷机构。

10.输纸的工艺要求有什么？

(1)能保证准确地、可靠地、连续地将每一张纸从输纸台的纸堆上分离出来；(2)在输送过程中不能损坏纸张，不会弄脏图文部分；(3)能按照实际情况自动地调整纸堆表面高度，保证输纸工作正常进行；(4)保证纸张达到前规的时间正确，不允许早到或晚到，在整个输送过程中纸张平稳运行，不能出现双张、断张和歪张现象；(5)能方便地补充或更换纸堆纸张，使机器不停机运行。

11.输纸机构的分类有哪些？

按照纸张分离方法输纸机构可分为摩擦式和气动式；按照纸张输送方式输纸机构可分为间歇式和连续式。摩擦式输纸机构只适用于小型的输纸精度要求较低的印刷机上，印刷速度和精度要求高的印刷机则全部采用气动式输纸装置。

12.胶印机输纸机构中分纸头的作用是什么？

分纸头的作用是准确、及时地从纸堆中分离出单张纸，并将分离出来的纸张传递到接纸辊处。

13.分纸头上有哪些结构？

有分纸吸嘴结构、递纸吸嘴结构、压纸吹嘴结构、配气阀和其他辅助结构。如图 2—19 所示。

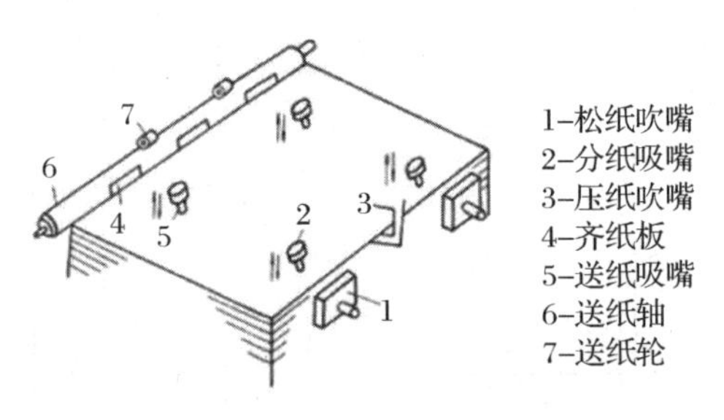

图 2—19　分纸头结构示意图

14.分纸头上的三大主要结构的作用分别是什么?

(1)分纸吸嘴的作用是从纸堆中分离出单张纸,并交给递纸吸嘴。

(2)递纸吸嘴的作用是将分离出的纸张输送到后端。

(3)压纸吹嘴的作用是当纸堆最上面一张纸被分纸吸嘴吸走后,它立即向下压住纸堆,避免递纸吸嘴将下面的纸张带走;在它压住纸堆后进行吹风,使分纸吸嘴分离出来的单张纸完全与纸堆分离,以便输送;探测纸堆高度,当纸堆降低到一定程度,分纸头不能正常工作时,发出信号,使堆纸台自动上升。

15.单张纸胶印机中输纸台上的纸张如何准确定位?

输纸台上纸张靠规矩来对轴向和周向两个方向来定位,使纸张在印刷前相对于印版有一个固定的、正确的位置,在印刷后得到固定位置的图文,从而保证印张之间、色组之间的套印准确。规矩包括前规、侧规、递纸结构等,如图 2—24。

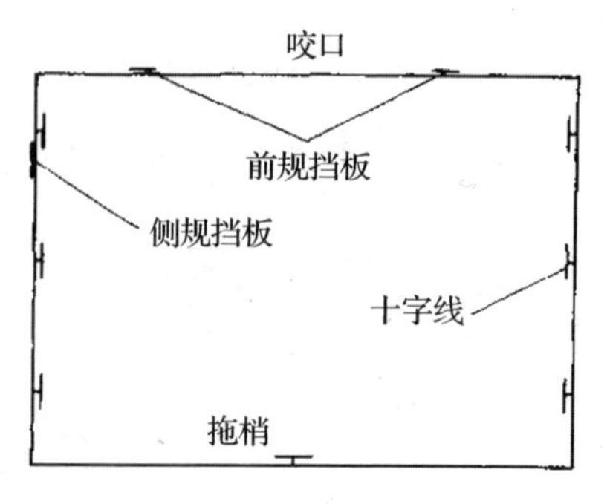

图 2—20　前规和侧规定位示意图

16.前规主要由哪些部件组成？

前规一般由规矩挡板、压纸舌、传动装置和检测装置组成。

17.前规定位有什么基本要求？

(1)前规摆动准确，前规轴灵活转动，无轴向晃动；(2)不能对纸张进行碰撞和干扰；(3)控制前规的各个部件配合良好；(4)前规的相对运动时间可调节；(5)前规的上挡规间隙大约三张纸的厚度；(6)前挡规受纸张冲击容易磨损，发现后要及时处理。

18.侧规定位有什么基本要求？

(1)前规定位时对纸张有一定的推送力，有利于纸张的准确定位，侧规则没有；(2)侧规属于第二定位，定位时不应破坏前规定位的准确性；(3)侧规的相对定位时间包含在前规的定位时间之内。

19.什么是递纸机构？

递纸机构是指将经过前规、侧规定位后的纸张向压印滚筒上的叼纸牙进行传递的机构。

根据递纸方式的不同可以分为直接递纸、间接递纸和超越递纸。

20.输纸过程中出现空张的原因及排除方法有哪些?

(1)压纸脚压纸面积过大,压纸脚踏在吸起来的纸上。调整飞达头前后位置,使压纸脚压住纸张8～12 mm。

(2)分纸吹气不能有效吹开纸张,压脚吹风不能使纸张有效分离。调节各吹气元件的吹风压力,检修气路或更换气泵。

(3)吸嘴吸不起纸张或吸纸时出现颤动,吸嘴距离纸面太远。调节吸嘴的高度或纸堆的高度。

(4)纸堆过低,挡纸板阻碍纸张传送。向下调整飞达头位置或调节压纸脚的高低。

21.输纸过程中出现双张的原因及排除方法有哪些?

(1)压纸脚不能有效地压住纸张。可调整飞达头前后位置,使压纸脚压住纸张8～12 mm 。

(2)分纸吹风吹起纸张太多或将纸张吹乱。可减小分纸吹风的风量。

(3)挡纸板不能有效将纸张挡住。可调整压纸脚的高低,使挡纸板高于纸堆表面5～8 mm 。

(4)纸张不能被有效地分离,一般是由于分纸弹簧片、分纸毛刷不合适或对其调节不当。可更换分纸毛刷及分纸弹簧片,并按照要求进行调节。

22.输纸过程中出现歪张的原因及排除方法有哪些?

(1)纸张在一侧下纸有阻碍,两侧纸堆高低不一致。调垫高一侧纸堆。

(2)有一侧吸嘴吸纸不利落,两侧递纸吸嘴高低不一致。调整一侧吸嘴的高低位置。

(3)纸张经过接纸轮后歪斜,接纸轮落下时间不一致,接纸轮磨损或不正。调整接纸轮的下落时间，更换接纸轮。

(4)纸张在输纸带上产生歪斜，输纸带松紧不一致；输纸板上的压纸轮压力或位置不合适。调整输纸带的松紧；调整压纸轮的位置及压力。

(5)两个前规前后位置调节不一致，互不成直线。校正前规前后位置使其在一条直线上。

23.输纸过程中出现纸张早到的原因及排除方法有哪些？

(1)下纸时间与前规动作时间不匹配，飞达与主机的时间不匹配。应调整飞达下纸时间。

(2)压纸轮或毛刷轮距离纸尾太近或直接压在纸尾上。应调整压纸轮或毛刷轮的位置。

24.输纸过程中出现纸张晚到的原因及排除方法有哪些？

(1)下纸时间与前规动作时间不匹配，飞达与主机的时间不匹配。应调整飞达下纸时间。

(2)纸尾距离压纸轮或毛刷轮太远。应调整压纸轮或毛刷轮的位置。

(3)输纸带太松或纸张在输纸板上失控。应调整布带的松紧程度或调节压纸轮、毛刷轮的压力及位置。

(4)前规挡纸舌太低，输纸受阻。应调整挡纸舌高度至合适的位置。

25.输纸过程中出现侧规拉纸不到位的原因及排除方法有哪些？

(1)纸张离侧规过远。应调整侧规距纸张 4～6 mm 。

(2)侧规拉纸的时间太短。增加拉纸时间。

(3)侧规拉纸轮压力太小。增大撑簧压力。

(4)输纸台上的压纸球、毛刷等压力大。调高压纸球、毛刷至压力合适。

26.印刷机构由哪些基本构件组成?

印刷机构包括印版滚筒、橡皮滚筒、压印滚筒、离合压结构、传纸装置及有关的控制装置。

27.滚筒由哪几部分结构组成?

滚筒由轴颈、滚枕和筒身组成,如图2—21所示。

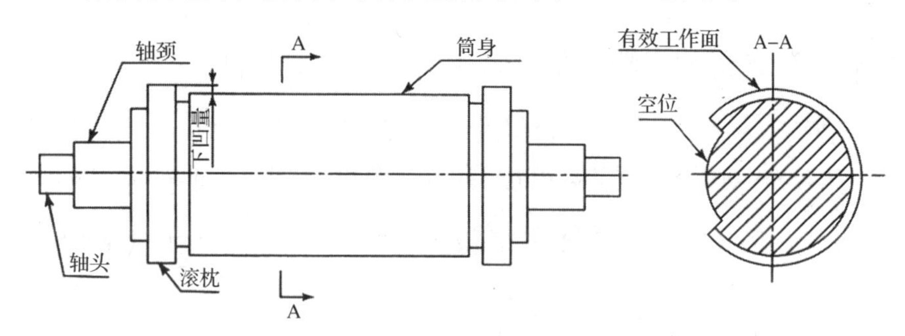

图2—21　滚筒结构

28.什么是滚枕?

滚枕也称肩铁,是滚筒两端用以确定滚筒间隙的凸起铁环,调节滚筒中心距和确定包衬厚度的依据。

29.印版滚筒的装版装置有哪几种?

装版装置又称卡版夹,按照装版的形式可以分为套入式卡版夹、固定式卡版夹、快速卡版夹。

30.橡皮滚筒由哪几部分组成?

橡皮滚筒由传动齿轮、轴承、偏心套、滚筒体,以及安装在上面的橡皮布装置组成。

31.压印滚筒由哪几部分组成?

压印滚筒由传动齿轮、轴承套、滚筒体、叼纸牙排、控制递纸牙排和滚筒离合压的凸轮组成。

32.输墨机构的作用是什么?

输墨机构就是实现把油墨均匀、定量地传给印版表面的装置,传递油墨的均匀程度、给出油墨量的大小直接影响印品的质量。

33.输墨机构由哪几部分组成?

输墨机构一般由三部分组成:(1)供墨装置:由墨斗、墨斗辊、传墨辊及其控制结构组成,作用是把墨斗内的油墨定量地向匀墨装置供墨,可以通过调整墨斗出墨间隙或墨斗辊的转动速度来改变供墨大小;(2)匀墨装置:由上串墨辊、中串墨辊、下串墨辊和若干匀墨辊组成,作用是将油墨在周向和轴向方向上打匀,均匀地进行传输。(3)着墨装置:由着墨辊和自动起落机构组成,作用是向印版正常着墨。

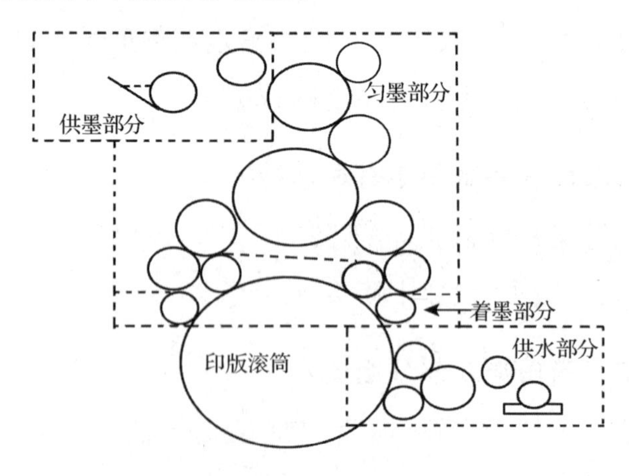

图 2—22 输墨机构示意图

34.对输墨机构有哪些基本要求？

（1）具有良好的接触关系。为了使墨辊和墨辊、墨辊和印版之间完全接触，有效地传墨，必须利用弹性体的受压变形，因此墨辊之间接触要符合软硬相间的原则。而墨辊之间既存在周向同步运动，也存在摩擦传动，因此齿轮传动要有稳定的传动比，也应具备适当的接触压力。

（2）串墨辊和印版滚筒的线速度应保持一致。

（3）保证输墨的均匀。

（4）保证对印版适量着墨。

35.如何评价输墨机构的工作性能？

输墨机构的工作性能可以用几个参数来评价：着墨系数、匀墨系数、贮墨系数、打墨线数、着墨率。

（1）着墨系数是指所有着墨辊面积之和与印版面积的比值，表示墨辊对印版着墨的均匀程度。着墨系数越大，均匀着墨性能越好。

（2）匀墨系数是指所有匀墨辊面积之和与印版面积的比值，表示墨辊油墨迅速打匀的程度。匀墨系数越大，匀墨性越好。一般增大匀墨系数的方法是适当增加墨辊数量，而不是增大墨辊直径。同时所有墨辊直径比值为除不尽的小数，这样两墨辊的接触点能经常发生变化而打匀油墨。输墨部分的墨辊既起到传墨作用，又起到匀墨作用。

（3）贮墨系数是指全部墨辊的面积总和与印版面积的比值。贮墨系数既不能过大也不能过小。贮墨系数过小墨层均匀度不高；贮墨系数过大也有缺点，墨辊过多，会造成墨辊上贮墨量过大，在需要改变墨色深浅时，不能迅速得到反映。一般贮墨系数在 5.5～6.5 之间。

(4)打墨线数反映输墨机构的墨辊在匀墨和传输油墨过程中接触、分离的次数，也称接触线数。打墨线数越大，表示墨辊上油墨层分割的区域越多，油墨越易于打匀。在匀墨系数不变的情况下，增加墨辊数量比增加墨辊直径好，不仅匀墨部分体积增大，也增加了打墨线数，提高了匀墨性能。

(5)着墨率表示着墨辊供给印版的墨量占印版上总墨量的百分比。输墨性能的好坏要以印版上油墨的均匀程度来判别，每根墨辊着墨量的大小，直接影响印版上墨层的均匀程度。

36.润湿机构的作用是什么？

胶印机上的润湿机构的作用是向印版提供润湿液以保护非图文部分，同时起到给印版冷却降温的作用。

37.润湿机构有哪些基本分类？

根据水斗辊和各水辊是否接触分为接触式润湿和非接触式润湿；根据润湿液的种类可以分为水润湿和酒精润湿。

38.润湿机构由哪几部分组成？

润湿机构包括供水机构、传水机构、串水机构和着水机构组成。

39.单张纸胶印机收纸机构的作用是什么？

单张纸胶印机收纸机构的作用是把已完成印刷的印张从压印滚筒上接过来，传到齐纸机构闯齐后，送到收纸台堆叠成垛。收纸时印品的印刷面一般朝上，一是便于操作者观察印品质量，二是避免未干燥的图文蹭脏。

40.收纸机构由哪些部件组成?

收纸机构一般由收纸滚筒、传纸机构、传送装置、齐纸机构、收纸台和辅助装置组成。

41.卷筒纸胶印机有哪些类型?

根据印刷品的用途和印品种类可以分为新闻印刷用卷筒纸胶印机、商业印刷用卷筒纸胶印机、书刊印刷用卷筒纸胶印机;根据胶印机滚筒的排列方式可以分为B—B型、卫星型、半卫星型、混合型卷筒纸胶印机。

42.卷筒纸胶印机的输纸机有哪些机构和要求?

(1)纸卷的安装机构。这种机构能迅速安装和更换纸卷,能准确、灵活地进行纸带轴向位置调整。

(2)自动接纸机构。缩短接纸时间,提高印刷效率。

(3)调整和控制纸带张力的机构。包括纸卷制动机构、控制纸卷动力矩的传感机构、起到减震作用的浮动辊机构、控制纸带速度并将纸带平稳送出的送纸辊机构。

(4)用于改变穿纸路线的过纸辊。

(5)其他特殊机构。如纸带毛刷机构。

43.卷筒纸两种自动接纸方式有何不同?

卷筒纸自动接纸方式有高速自动接纸、零速自动接纸两种。两者之间的不同主要体现在以下几方面。

(1)高速接纸接头胶带是“八”字形,零速接纸接头胶带是“一”字形。零速自动接纸比高速自动接纸的接头短。

(2)高速接纸容易将新纸卷带弄坏,零速接纸的可靠性较高。

（3）高速接纸适用于高速胶印机，零速接纸受储纸架的影响，速度不宜过高，且接纸时间也受储纸量的限制。

（4）高速接纸机结构复杂，控制系统也比较复杂，零速接纸结构比较简单。

44.卷筒纸胶印机的收纸系统由哪些部分组成？

卷筒纸胶印机的收纸系统包括烘干、冷却、折页、收帖装置。

45.卷筒纸胶印机折页装置的作用是什么？

卷筒纸折页装置是卷筒纸轮转印刷机的重要组成部分。它的作用是将正反面已经印刷好的纸带，根据印刷品规格要求进行裁切、折叠和输出。

46.卷筒纸胶印机折页装置有哪些技术要求？

（1）折页装置应与印刷滚筒的转速相协调，能准确、可靠地将印刷好的纸带进行裁切和折叠，以得到不同规格的书帖。

（2）为保证裁切、折叠精度要求，应设有必要的调整装置。

（3）当书帖规格发生变化时，能方便地进行调整，并便于维修。

（4）采用减噪和隔噪装置，以利于印刷环境的改善。

47.卷筒纸胶印机烘干装置的作用是什么？

卷筒纸印刷多采用热固性油墨，必须经过加热和冷却才能干燥。纸带印刷后经过烘干箱加热，使其油墨内的溶剂等成分快速挥发，再经冷却固化。

48.卷筒纸胶印机冷却装置的作用是什么？

冷却装置一般由2～3根中空的冷却辊组成，与冷水循环系统相连，通过控制冷水的温度来实现纸带表面的降温冷却。

49.卷筒纸胶印机收帖装置的作用是什么?

收帖装置是卷筒纸印刷机上收集折叠印张的装置。对于出版物印刷而言,一般有两组收帖装置,32 开收帖装置和 16 开收帖装置,作用是对书帖进行计数、收集、输出和堆积。

50.印刷机的维修工作有哪几种?

印刷机的维修可以分为小修、中修和大修。

(1)小修一般指日常的维修工作,只需数小时或数日即可完成。只更换已损坏的小件,维修时间较短。

(2)中修是对印刷机的关键部件进行更换或修补。维修时间较长,一般需要 15 天左右。

(3)大修是对印刷机进行全面彻底的检查和修理,更换或修补所有超过磨损标准的零部件。维修时间更长一些,一般需要 3～6 个月。

51.印刷机大修的主要依据是什么?

印刷机大修的三个主要依据是:印刷产品的质量、印刷机的使用时间、印刷机的精度指数。

52.印刷机在保养时要注意哪些方面?

(1)擦机器时,必须将电门关闭,以保证安全。

(2)不宜用零星碎布做擦布,以防遗落在机内。

(3)擦机器时应同时检查机器上的油眼是否堵塞,并及时疏通。

(4)检查螺丝、螺帽、键、销等零件是否松动或脱落,并及时紧固。

(5)擦完机器后,应检查机器内是否有遗留物,以防造成机器损坏。

(6)启动机器时,应先发出信号。

(7)保持机器四周环境整洁。

53.印刷机有哪几种保养制度?

(1)日常维修保养。

(2)一级保养。以操作工人为主,维修工人为辅,根据一级保养细则要求认真做好保养工作。一级保养完成后要填写一级保养作业单,并由车间或班组设备员验收。

(3)二级保养。以维修工人为主,操作工人为辅,根据二级保养细则要求认真做好保养工作,完成后填写二级保养作业单,并由车间设备员、印厂设备管理员验收。

六、印后装订

1.什么叫印后装订?

印后装订指印刷完成以后对印张的订装加工。它是将印刷好的一批批分散的半成品页张(包括图表、衬页、封面等),根据不同规格和要求,采用订、锁、粘等方法,使其连接起来,再选择不同的装帧方式进行包装加工,成为便于使用、阅读和保存的印刷品的加工过程。书籍(含本册)的加工实际上是先订(联)后装(帧)的,由于在加工中是以装为主,故称装订。订联的过程(折、配、订、锁、粘等)称书芯加工;将订联成册的书芯,包上外衣封面的过程称书封加工,也称装帧加工。总之将印好的页张,经过订和装的过程。就可以成为一本可以阅读、使用和保存的印刷品了。

2.印后装订的特点是什么?

印后装订是一个工种多、机器种类多、材料使用范围广、工艺加工方法多变的工序,同时又是一个印品艺术加工的操作工序。这个工序加工的优劣关系到印品效果的成败。随着印刷工业的不断发展与变革,现在装订工序已由落后的手工操作工序逐步发展为具有机械化、联动化、自动化的操作工序。

3.装订工序对出版物质量有什么影响?

书籍内文页张、版面顺序是否正确无误,订联(黏结等)是否牢固整齐,封面装帧是否正确干净、牢固平服、翻阅平整不变形等都对阅读效果及保存期限有影响。

书籍加工的工艺设计,特别是书封的装帧设计与加工,对印品的整体效果有直接影响。书籍一般要通过外封面的设计与工艺加工来反映其品级、内容和水平,装帧的设计与造型工艺水平高,质量好,书籍就能受到读者的欢迎和青睐。如果印前、印刷都达到了精耕细作的水平,而到最后一道完成工序的装订出现加工不当、外观不佳,不能表现书籍的档次,那么再好的内容也无法反映出来,甚至前功尽弃。因此,在书籍制作过程中不但印前、印刷重要,印后装订工序更为重要,因为这个工序是印品的包装工序,只有优质的后加工,才能获得理想的效果,因为一本书的制作过程是一个整体概念。

装订工序不仅要保证质量,还要配合前工序按时完成任务、保证或缩短出版周期。印刷品中有很大一部分书刊在加工时,时间性要求很强,从道理上讲印前、印刷都应保证各自的准确加工时间和流水程序,但实际往往达不到预想的结果,而最后将压力集中到后工序的装订。因此装订工序既要保证质量又要加快速度，还要弥补印刷工序可能出现的某些问题，以保证出版周期的稳定性。

4.什么叫骑马订？

一种简单的书籍装订形式。加工时封面与书芯各帖配套在一起成为一册，经订联、裁切后即可成书，装订后的骑马订书册钉锔外露在书刊的折缝上。由于订书时书芯是骑在订书机上装订的，形似骑马状，故称骑马订。

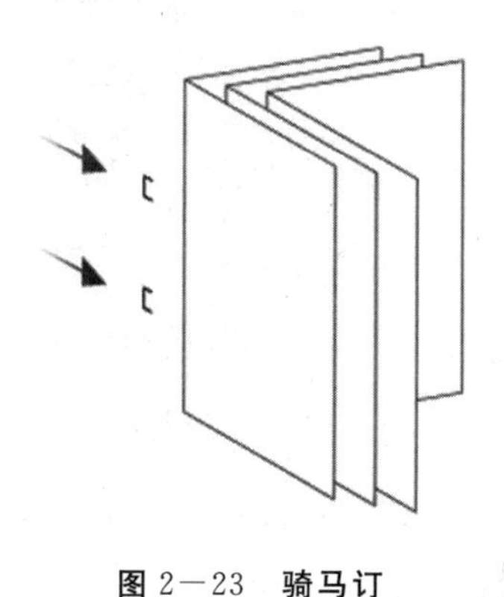

图 2—23 骑马订

5.什么叫无线胶订？

无线胶订工艺是利用胶粘剂使书芯联结成册的一种书刊装订方法。采用这种工艺加工的书刊外观平整，且具有省工省料、装订质量好、加工速度快、适用范围广的特点。

6.什么叫精装？

精装指书籍的一种精致制作方法。精装书籍主要是在书的封面和书芯的脊背、书角上进行各种造型加工后制成的。加工的方法和形式多种多样，如书芯加工就有圆背（起脊或不起脊）、方背、方角和圆角等；封面加工又分整面、接面、方圆角、烫箔、压烫花纹图案等。

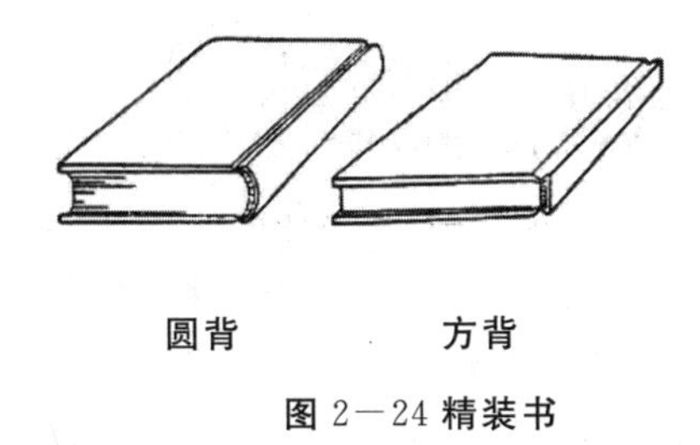

图 2—24 精装书

7.什么叫烫印?

烫印即指在纸张、纸板、织品、涂布类等物体上,用烫压的方法将烫印材料通过烫版转移在被烫物上的加工过程。装订中的烫印加工一般在封面上应用较多,其形式多种多样,如单一料的烫印、无烫料的烫印、混合式烫印、套烫等。

8.什么叫勒口?

勒口是平装装帧的一种加工形式。主要是指封面的前口边宽于书芯前口边,包完封面后将宽出的封面边沿书芯前口切边向里折齐在封二和封三内的加工形式。

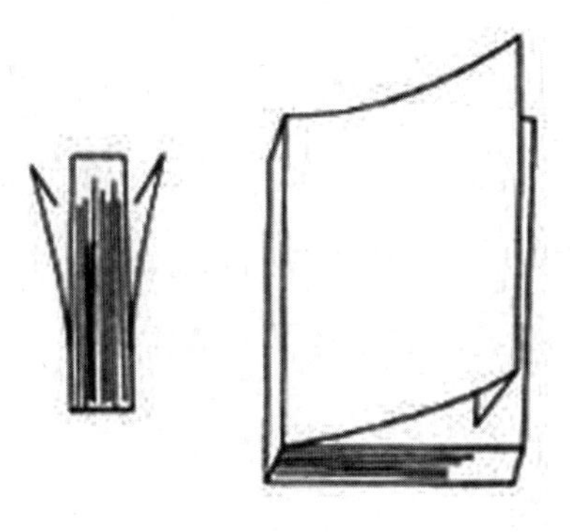

图 2—25　勒口

9.什么叫书槽?

书槽也称书沟或槽沟。指精装书套合后封面、封底与书脊连接部分被压进去的两个沟槽。书槽的宽度与纸板厚度有直接关系。

10.什么叫飘口？

指精装书的书封壳大出书芯（切口）的3个边。飘口的宽度是以书刊幅面大小所决定的，国家行业标准中有明确的规定。一般32开的书飘口宽为2.5～3.5 mm，16开的书飘口宽度为3.0～4.0 mm。

11.什么叫堵头布？

堵头布也称花头布、堵布等。是一种经加工制成的带有线棱的布条，用来粘贴在精装书芯背脊处的上下两端，即堵住书背两端的布头。作用有两个：一是可以将书背两端的书芯牢固粘连；二是可以装饰书籍外观。

12.什么叫护封？

指套在书封面外的包封纸。作用有两个，一是保护书籍不易被弄脏损坏；二是可以装饰书籍，以提高其档次。

13.什么叫锁线订？

锁线订是一种用线将配好的书册按顺序一帖帖逐帖在最后一折缝上将书册订联锁紧的联结方法。锁线形式有平锁和交叉锁两种（平锁也称实锁、交叉锁也称跳锁）。锁线订用途广，适合精装、平装等各种加工形式，牢固易保存。

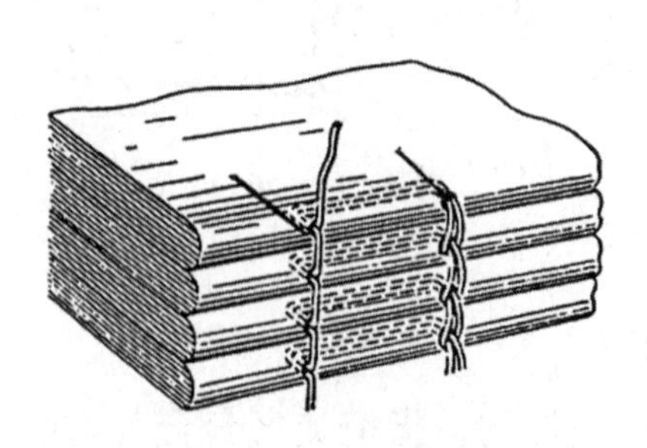

图2—26 锁线订

14.什么叫开料？

将撞齐的大幅面页张、图表、封面等，根据工艺要求及规格尺寸，用切纸机裁切成所需幅面的过程。开料的方法一般有正开、偏开和变开三种。

15.配页方法有哪两种？

配页方法有套帖法和配帖法两种，这两种方法均可用手工或机器进行加工。其中手工配页有分拣、打、拉、撒、双手拉配等几种方法。

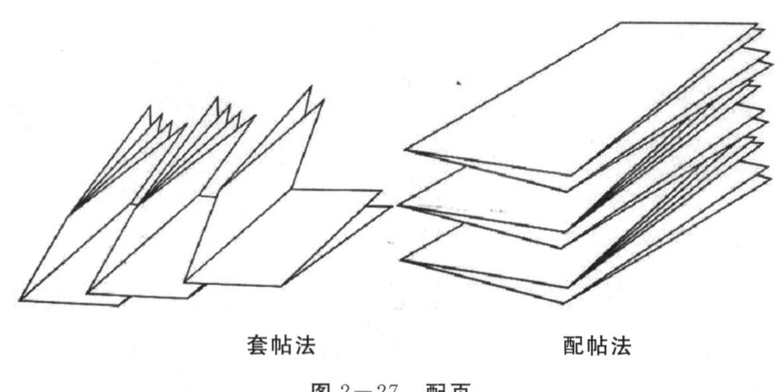

图 2—27 配页

16.什么叫浆背？

浆背是指将配好的书册撞齐、捆实后，在书背上涂抹一层黏合剂，使零散的书册各帖粘连在一起，以便于下道工序的加工。

17.什么叫铣背？

将配好的书册在书背上用铣刀将其铣成散页状或沟槽状，以待涂胶渗进后黏结成书册的加工方法。

18.配页机有哪几种形式？

配页机是代替手工配页进行配帖的设备。配页机的形式有三种，即辊式、钳式和极少数的摩擦式。

19.无线胶订的工艺流程是什么?

从半成品印张开始:撞页→开料→折页→套插页→配页→撞、捆、浆,干燥分本后准备上胶包机→储书→震齐→书芯夹紧定型→铣背拉槽→涂胶→粘封面→书册夹紧成型→出书→冷却干燥→切书→成品检查。

20.锁线订的工艺流程是什么?

从半成品印张开始:撞页→开料→折页→粘套页→粘贴环衬→配页→锁线→半成品检查→压平→涂黏合剂→粘纱布或卡纸→干燥分本→涂黏合剂→包封面(有勒口的书先切前口,包封面后再切两端)→烫背(或在包本机上用热熔胶包封面)干燥→切书→成品检查。

21.骑马订的工艺流程是什么?

从半成品印张开始:撞页→开料→折页→套配页→撞齐→订书→捆书或压平→切书→成品检查。

22.精装书的工艺流程是什么?

精装书工艺流程比较复杂,由书芯加工、书壳加工和套合加工三大部分组成。

(1)书芯加工流程

从半成品印张开始:撞页→开料→折页→粘套页→配页→锁线→半成品检查→压平→涂黏合剂→裁切半成品→扒圆→起脊→粘丝带和堵头布→粘书背纱布和书脊纸。

(2)书壳加工流程

计算书壳各料尺寸→开料→组壳→包壳塞角→压平→自然干燥→烫印。

(3)套合加工流程

涂中缝黏合剂→套壳→压槽定型→扫衬→压平→自然干燥→包护封→成品检查。

23.精装书为何要扒圆?

一般较厚的精装书均要扒圆(有的薄精装书也有扒圆),因为如果书的厚度很厚,经多次翻阅后的切口就容易变形,切口凸出,影响书籍外观。另外,扒圆后的书籍能增加艺术感。

24.精装书常用纸板厚度应是多少?

精简书纸板厚度是根据所加工书籍的厚度和幅面大小进行选择的,一般所用纸板厚度在1.5～3 mm之间,最常用的厚度是2 mm。

25.精装书制成后为何要堆放12小时后才可进行检查与包装?

精装书加工的最后一道工序是扫衬定型,扫衬时黏合剂中的水分不易散发,因此必须要有一段自然干燥时间,自然干燥后书籍才能基本定型,水分基本散发完。此时,再进行检查与包装,可保证书籍平服定型。

26.什么叫覆膜?

覆膜又称过塑、裱胶、贴膜等,指用覆膜机将塑料薄膜涂胶后覆盖黏着在印品纸张表面,形成一种纸塑复合的加工技术。有即涂膜、预涂膜两种工艺,其中即涂膜又分油性膜和水性膜两种。即涂膜是一种用即涂膜机在薄膜上涂胶后,随即与纸张进行黏结的一种纸塑复合工艺。预涂膜是将薄膜事先用涂布设备将胶黏剂涂布、干燥后卷起,再用预涂膜机加热将纸张黏着复合的工艺。

27.油性溶剂型即涂膜工艺有哪些缺陷？

因为油性溶剂型即涂膜所用胶黏剂中的溶剂(甲苯类)是一种有害物质，它不但污染空气环境，且对人身体危害很大，因此国家发改委已明令禁止使用。

28.开料的质量标准与要求是什么？

(1)开大张版误差不超过±2 mm。

(2)开封面料误差不超过±1.5 mm。

(3)开精装纸板料误差不超过±1 mm。

(4)开双联书帖误差不超过±1.5 mm。

(5)开精装封面软料误差不超过±2 mm。

29.折页的质量标准与要求是什么？

(1)书帖折后无反页、双张、套帖、白版、折角、大跑版等。

(2)书帖折后相邻页码误差不超过±3 mm，折齐边不超过±2 mm，全书页码游动不超过±5 mm。

(3)带有接版的书帖，接版位置误差不超过±1.5 mm。

(4)垂直交叉折的3折或4折书帖，要在第2折或第3折的折缝上破口，以排除书帖内空气，避免出现“八”字形折痕。

(5)折后书帖页面整洁、无死褶、无“八”字形皱褶、折缝跑空、串帖、串版等，保证书帖平服整齐。

(6)书帖折后必须捆紧捆齐，每捆数量准确，堆放整齐，不串捆。

30.配页的质量标准与要求是什么？

配页质量检查的方法是检查折标的阶梯是否混乱，折标是在书帖最外页订口处，按帖序印上的一个小黑方块。折标的作用是防止配页时发生错误。配成书芯后，折标在书背处应成阶梯形排列。折标的阶梯混乱，说明可能有重帖、少帖、多帖和乱帖等错误出现。如图 2—28 所示。

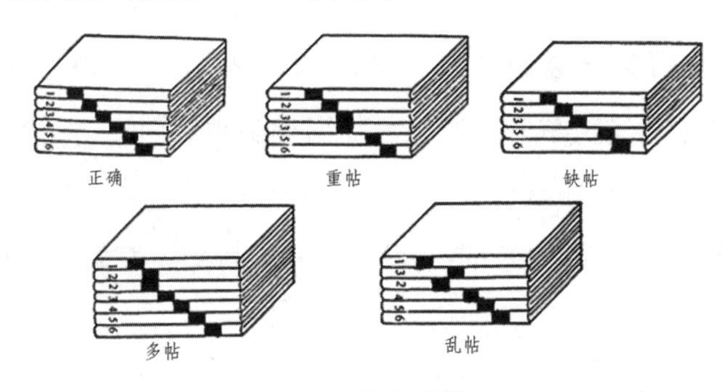

图 2—28 配页常见错误

31.切书的质量标准与要求是什么？

（1）正确选用切刀的 α 角。

（2）所切书册尺寸规格正确，不歪斜，无马蹄状，无破头和连刀页，切口光滑无刀花。

（3）切成品的尺寸允差为±1.5 mm，歪斜允差为±1.5 mm，切前口的允差为±1 mm。

32.锁线订的质量标准与要求是什么？

（1）锁线时要依书册开本的长度，定好针位与针距（见表 2—2）。

表 2—2　锁线订针距与针数

开本	上下针位与上下切口距离（mm）	针数	针组
≥8	20～25	10 针以上	5 组以上
16	20～25	8 针以上	4 组以上
32	15～20	6 针以上	3 组以上
≤64	10～15	4 针以上	2 组以上

（2）锁线后的书册顺序正确，松紧适度、线结平整、无断线脱

针，无线圈套、错帖、穿隔层等，缩帖不超过±2.5 mm；

(3)锁线的针眼一律扎在订缝线上不歪斜，书册平服整齐、厚度(松紧)基本一致。

33.骑马订的质量标准与要求是什么?

(1)配页正确、整齐，订位为钉锯外钉眼距书芯长上下各1/4处，允许误差±3.0 mm。

(2)钉锯订在折缝线上，无坏钉、漏钉、重钉，钉脚平直、牢固。

34.无线胶订的质量标准与要求是什么?

(1)铣背深度一致，保持在1.5±0.5 mm，以能将每一帖最里面的页张粘住、粘牢为准，侧胶宽度为3～7 mm。

(2)包封面后书背平面无皱褶，马蹄状岗线不超过1 mm，无油脏、破损、空泡、掉页、露胶底等。

(3)正确选用黏合剂，使用前必须预热，用胶温度适当。

35.精装书成品外观的质量标准与要求是什么?

(1)成品外观平整、洁净，无粘连、划痕、折皱、破损、溢胶、变形和多余压痕等。

(2)书壳与书芯套粘平整，平放时书壳的中径纸板与书芯背无空隙，三面飘口宽度一致。32开及以下开本飘口为2.5～3.5 mm，16开飘口为3.0～4.0 mm，8开及以上飘口为3.5～4.5 mm。

(3)方背书背平直，圆背书背的圆势在90°～130°之间，书脊平直且其高度与书壳表面一致。成品书背字居中，书背字不超出书背面，封面字、书背字及封面图案歪斜允差≤1 mm。封面打开时能自然落到台面。

(4)书槽外观平直，槽型牢固、整齐，宽窄、深浅一致无气泡。

(5)书芯页码顺序正确，锁线无脱线，内页无粘连，无严重刀花、连刀页和破损，书芯四角垂直。书芯圆背的圆势在90°～130°之间，起脊高度为3～4 mm。

(6)纱布、内封与书壳内表面粘连牢固、平实、无空泡、无皱褶。封面与内页方向不颠倒，胶黏剂使用得当，着胶均匀、不花、不溢。方背堵头布的长以书背宽为准，误差≤1.5 mm，圆背堵头布的长以书背弧长为准，误差≤1.5 mm，堵头布粘贴牢固、无歪斜，外露线棱整齐，注意正反方向。

(7)成品护封勒口的折边至书背尺寸的误差为±1.0 mm。

36.覆膜的质量标准与要求是什么？

(1)覆膜后表面平整无气泡、皱褶。

(2)无明显卷曲和脱离，无亏膜、划痕和破口。

(3)膜层透明度好、印迹清晰、美观。

37.为什么要加强印后装订的工艺管理？

印后装订是一个工种多、机型多、材料品种多、工艺繁杂的加工工序，装订有10多种工艺流程，有的一种流程就有30多道工序。因此要使印后加工工艺能顺利进行，必须建立和健全科学的管理制度，才能使加工有条不紊地进行。

38.印后装订应建立和健全哪些工艺管理制度？

根据印后装订工序的特点应建立和健全以下各种工艺管理制度：①加工方案制；②工人生产日报制；③调度工作制；④定额管理制；⑤质量检验制；⑥工艺档案制；⑦设备档案制；⑧设备检查维修制；⑨交接班制；⑩安全文明生产制。用以上制度控制和管理生产，才能保证装订工序加工的顺利进行。

39.质量检验员应具备哪些条件?

质量是企业的生命,产品质量的优劣是企业生存的保证,质检员肩负着为企业产品质量把关的重任,因此应具备以下几个条件:

(1)要熟悉和掌握印后装订工序和相关的各项质量标准,如国家的、地区的和企业的各项优质品、合格品的标准;

(2)要熟悉所管辖工序的工艺流程和工艺技术,因为质量问题与工艺技术是分不开的;

(3)质量问题应解决在半成品加工中,不要等到成品制出或出厂后才发现有问题,每道工序都要严把质量关,成品才能有保证;

(4)做质检工作要有正义感,好坏分明,秉公执法,并应帮助车间对出现的质量问题查找原因并采取措施解决,使车间能顺利加工。

40.装订之前需做哪些准备工作?

一般装订之前需要做以下几项准备工作:①承接生产任务、下达加工任务;②确定加工工艺的方式、方法;③估工、计料。

41.切纸机的操作规程是什么?

用切纸机进行开料加工等操作时必须以保证人身和机器的安全为前提,切纸机的操作规程主要有以下几点:

(1)操作切纸机前要先上润滑油,检查有无机器失灵、螺丝松动、规矩移动等现象,并擦净刀盘上的污渍。

(2)切纸机运转时要发信号,空切几刀无误后试切一沓,检查尺寸正确后方可正常裁切。

(3)机器正常运转中,严禁两人同时操纵手触闸或脚踏闸。

当发现纸沓不整齐或裁切尺寸有误时要及时停机处理，切忌将手伸入刀盘内抢刀(即运转中用手急速触动纸沓的处理动作)，避免造成人身伤害。

(4)下班后要清理工作场地，做到文明生产，完成交接班手续，保证下一个班次生产的顺利。

(5)切纸机在正常运转的情况下，每两周擦检一次(单班)或每周擦检一次(双班或三班)。

42.折页机的操作规程是什么？

折页机的操作规程主要有以下几点：

(1)开动折页机前要做好一切准备工作，如粗查各主要部位是否异常、螺丝是否松动、规矩是否移动、过帖通道是否有油渍等，并添加好润滑油。

(2)开机时，先开电动机，使机器空转，无误后再开动气泵给气使纸张进入折页机开始折页。

(3)机器在正常运转中，要随时检查，发生故障要及时分析，停车进行排除，切忌开机排除故障或乱动任何部位，排除后仍要先发信号再开机。

(4)机器运转期间操作人员要坚守工作岗位，精力集中，随时关注机器的运转情况，保证折页机顺利折页。

(5)折页机在运转正常的情况下，单班每两周擦检一次；双班或三班每周擦检一次。机器要擦净，风路要通畅，以保证擦检后能正常开机生产。

43.配页机的操作规程是什么？

配页机的操作规程主要有以下几点：

(1)开机前领机和助手要先上润滑油和擦净过帖通道的油

渍等，再粗查各主要部件有无螺丝松动、脱落，气路是否通畅等，储贴人员要将书帖按顺序准备好，并在书帖斗内储齐。

(2)配页前(或每换一次品种的配页前)，领机应将书帖斗内的书帖依顺序各拿一帖，配成册后与样书核对，核对时由领机、助手、班组长三方确定无误后方可进行开机配页。

(3)开机时要先发信号，点车无误后再挂长车正常运转。

(4)配页机正常运转中领机与助手要相互配合，经常检查新配书册是否正确。当配页机出现故障时要及时停车进行排除，切忌开机排除，以免造成事故。

(5)下班或停机后要清理工作场地，并完成好交接班手续，保证下一班次生产的顺利进行。

(6)配页机在正常运转的情况下，单班每两周擦检一次，双班或三班每周擦检一次。机器要擦净，风路要通畅，以保证擦检后能正常开机生产。

44.锁线机的操作规程是什么?

锁线机操作规程包括自动和半自动、手续单机的内容。

(1)开机前要做好一切准备工作，如注油、粗查设备情况、检查过帖路线是否有油脏等。

(2)根据书帖幅面正确调整针距、针数，选用订缝线的种类和型号应符合国家标准要求。

(3)锁线机在储帖时要严守上工序原则差错，手续书帖(在靠台板上的续帖)时要在手抬起后方可踏闸，防止出现人身事故。

(4)锁线后的书册不可堆积过多，以免造成撞车现象。

(5)自动锁线机的前、后车(搭页机与锁线机)要配合得当，避免撕帖或撞车。

(6)锁线过程中一旦发生故障或质量问题,就要及时停机处理,严禁开机处理,以免造成事故。

(7)单班每两周擦检一次,双班或三班每周擦检一次,擦检时间一般为4小时。

(8)做好交接工作,保证下一班的正常生产。

45.无线胶订单机的操作规程是什么?

无线胶订单机操作规程主要有以下几点:

(1)开机前要做好一切准备工作,包括加胶料、预热胶、加润滑油、检查主要部件及过书路线是否有油脏等。

(2)根据书册幅面、厚度调整好书夹托板等规矩,调定检查无误后方可运转。

(3)正常工作过程中,要随时检查机器的运转情况,听到异声、发现故障就要停机处理(包括检查胶的温度)。

(4)搞好班后清理工作,如刷洗夹紧板、清理工作场地等,并做好交接班工作。

(5)按时清理胶锅,正常运转情况下,预热胶锅每季度清理一次,工作胶锅每周清理一次,保证胶锅内清洁无碳化现象。

(6)设备正常运转情况下,单班每两周擦检一次,双班或三班每周擦检一次,擦检中发现问题应及时调整或更换易损零件。

46.单面、三面切书机的操作规程是什么?

单面、三面切书机的操作规程主要有以下几点:

(1)开机前要做好一切准备工作,如加润滑油、检查主要部件、各规矩、刀盘输送轨道是否有油渍等。

(2)开机切书前要先发信号,再开空车,空切无误后再试切,检查所切书册尺寸正确后方可进行切书。

(3)两人同时操纵切书机时要相互配合,并严禁两人同时操纵手闸或脚踏闸。

(4)切书时,一旦发现书沓不齐,就要立即停机处理,严禁出现抢刀现象(即在不停机的情况下用手触书册)。

(5)随时检查所切书册的尺寸,以保证所切书册尺寸正确无误。

47.无线胶订联动生产线的操作规程是什么?

无线胶订联动生产线的操作规程包括前述配页机、无线胶订单机和切书机的操作规程。

七、书籍印后装订材料及设备

1.印后装订材料分几部分?

印后装订材料分四大部分:书籍本册的主体材料;书籍本册的装帧材料;订缝连接材料;黏结材料。其中书籍本册的主体材料主要为纸张和纸板,以及织物、皮革、塑料等,这些内容在本书第一部分中已有介绍,此处不再重复。

2.什么是烫印材料?

烫印材料是指在纸张、织品、皮革、塑料、木材、涂布料等材料的表面,用热压方法通过烫印版烫印各种图文的材料,烫印材料有多种,如金属箔、色片、电化铝、色箔等。

3.装订用黏结材料有哪些?

装订用黏结材料是指书册装订使用的具有优良黏结性能的

物质。其黏结机理有渗透黏结、半渗透黏结和吸引黏结。装订用黏结材料种类很多，来源极为广泛，大致有以下几大类，即动物类、淀粉基类、干酪素类、天然树脂类、纤维素类和人工合成树脂类等。

4.装订用黏结剂有哪些要求？

(1)润湿性要求

润湿性是指黏结剂对被黏结物体的润湿程度。黏结剂使用时必须将其涂抹在被黏结物需要黏结的部分，才能达到黏结要求。如果被黏结物体表面不能完全被润湿，就会造成两个黏结面接触不良，出现黏结后不牢、起泡、分离等，造成次品出现，因此黏结剂在使用中要有良好的润湿性。

(2)流动性要求

黏结剂的流动性是指黏结剂在使用中的流动性能。要根据被黏结物的质地等具体情况去选择不同的流动性的黏结剂，一般情况下黏结剂流动性越好，黏结剂就越稀，黏度与黏结强度也就越低；黏结剂流动性差，黏度和黏结强度就高(热熔性黏结剂例外)。不论流动性如何，黏结剂本身必须要保证均匀一致、适度。

(3)黏度要求

黏度一般指黏结剂的稠稀程度(热熔性黏结剂例外)。黏度反映黏结剂的流动性能。在实际使用中，无论何种黏结剂，其黏度值都应控制在一定范围内，不能因黏结不良而任意增加其黏度值，要根据被黏结物体的性质、黏结剂种类、性能，对黏结剂黏度进行适当的控制，才能达到良好的黏结效果。

(4)黏性要求

黏结剂的黏性是指两个物体黏结后的牢固性能，黏性主要取决于黏结剂的内聚强度，黏结剂内聚强度大就能保证被黏结物在黏结后不会脱落分开。内聚强度大小要根据被黏结物所需决定，内聚强度过大也不好，会出现涂层凹凸不平，无法涂抹，黏结后纸张出现皱褶，翘曲不平等；内聚强度过小则无法黏结牢固。

（5）黏结强度要求

黏结强度是黏结材料的重要标准，即黏结的牢固程度。黏结强度可用下述简单方法测试：如用涂布类材料或织品等与纸板黏结，在黏结干燥后的一定时间，将其揭撕开时，应能把被黏结的纸板表面也撕带下一层，即撕不开或撕下一层仍被黏结在上面，说明黏结强度达到要求。

（6）黏结剂用量要求

黏结剂的用量指涂抹在被黏结物上的厚度。当黏结剂的润湿性、流动性、强度、黏性等均符合要求时，黏结剂的用量则成为主要环节。因此要求：涂抹黏结剂时应少蘸且涂抹均匀，因为黏结剂的强度、流动性等都合格时，只要涂抹的胶层薄而均，完全可以达到黏结牢固的效果，薄而均远比厚而不均的涂抹优越得多，且减少黏结剂用量。遇到黏度不够时，不要用加量的方法弥补，应重新调制或更换黏结剂。也不要为了省事将黏结剂一下大量堆积后再分散涂抹，造成水分过多渗透、溢出或分散涂抹不均等，出现溢胶黏坏书册和黏结不牢的现象，影响书册质量。

（7）颜色的要求

黏结剂的颜色直接影响书刊本册的外观，因此黏结剂应以透明、半透明、本白色、白色为宜。但由于有些热熔性黏结剂需要加温热熔，如常用的 EVA 热熔胶，在使用时必须按技术参数的标准加温，不能随便将胶温升高，否则胶温过高或轮番加热、长期不清理胶锅等，造成胶黏剂老化，颜色变深，影响书册外观质量，甚至造成燃烧现象。

5.什么叫 EVA 热熔胶？

EVA 热熔胶是一种不需溶剂、不含水分，100%固体可熔性聚合物，在常温下为固体，加热熔融到一定程度成为能流动的且有一定黏性的液体，即胶黏剂，熔融后的 EVA 热熔胶呈浅棕色半透明或呈乳白色。

6.使用 EVA 热熔胶为何要先预热？

因为 EVA 热熔胶在使用时对温度控制和流体的均匀性(即流动性)要求极为严格，如果对固体的热熔胶不进行预热，便直接使用将会造成：①降低和破坏工作胶锅内的正常使用温度，出现黏结不牢或掉页等不合格品；②胶体不均匀，其流动性被破坏，造成书页不黏结或涂抹不均、书背不平(胶的颗粒被涂在书背上)及孔眼状等。因此 EVA 热熔胶使用前必须先预热。

7.怎样预热 EVA 热熔胶？

预热时先将胶块放入预热胶锅内，经加热熔融到一定温度，再经过热输送管，流入工作胶锅内方可使用。预热方法有两种：一种用油浴预热，即用夹套锅直接预热；另一种用热板预热，即用电热板装置在预热锅内直接加热的方法。预热的时间一般为2小时。预热的温度应不低于使用温度或比使用温度高5℃～10℃，给输入时造成的冷却留有余地。因为输胶过程中有时出现冷却现象，因此温度可略高些，但不可低于此范围，因胶温过低时拉力值下降会影响黏结强度，并浪费胶。

8.EVA 热熔胶在使用时应注意掌握哪几个温度？

使用时应注意掌握 EVA 热熔胶软化点(即胶块熔融温度)，

预胶和涂胶时的温度。其中软化点应在80℃左右，预胶温度应比涂胶温度相同或略高5℃～10℃；涂胶温度应按热熔胶的技术参数要求掌握，范围±5℃，特殊情况下可±10℃。

9.EVA热熔胶的使用温度与书刊黏结拉力有何关系？

有资料表明，在普通书版纸上施胶，胶温在170℃时，热熔胶的拉力测试值可达到约8.83 N/cm；当胶温上升到180℃时，热熔胶的拉力测试值下降到约7.33 N/cm；胶温下降到155℃时，热熔胶的拉力测试值约为5.22 N/cm。由此可见，热熔胶的温度与书刊的黏结强度和抗拉力有直接关系，因此必须将热熔胶的温度控制在一定范围内，才能达到预想的黏结效果。

10.EVA热熔胶的温度与书刊纸张质地有何关系？

由于纸张质地不同，对胶体的导热性及反应也不同，可致使胶的固化、冷却速度发生变化。以铜版纸和胶版纸为例，铜版纸中所含的无机物要比胶版纸高10倍左右，无机物具有良好的导热性，它可以加速热熔胶的固化和冷却速度，如果上胶温度同样都是170℃时，其拉力测试值在书版纸上可达到8.83 N/cm；而铜版纸的拉力值只能达到1.83～1.46 N/cm。显然书刊纸质地的不同对热熔胶的使用温度也要有所变化，才能达到良好的黏结牢度。

11.使用EVA热熔胶需要何种环境和条件？

EVA热熔胶是一种热熔性黏结材料，只能在科学的规范化的环境与条件下使用，才能使这种胶黏材料达到预想的效果。

(1)车间温度与湿度要求

EVA热熔胶涂抹后的开放时间和固化时间都受车间内温

度与湿度的影响，一般车间的温度保持在17℃～27℃为宜，相对湿度保持在50%左右。

(2)无线胶订成品储存条件要求

储存成品的库房或厂房，应保证温度在1℃～40℃，严禁长时间堆放在靠墙、靠窗、靠暖气处和室外，以防纸张受潮或受热，破坏内部合理水分后变形、胶黏起变化，造成无法挽救的损失。

(3)加强管理

由于使用材料的变化，对印后装订车间的要求越来越严格，管理人员要重视使用热熔性黏结材料的必要环境与条件，保证加工质量的可靠性。

12.使用EVA热熔胶的注意事项有哪些?

(1)应认识和掌握各种型号EVA热熔胶的技术性能(技术参数)。型号不同的热熔胶，其熔点、开放、固化、冷却时间等都有所不同，会发生不同变化。

(2)使用EVA热熔胶，切记用明火直接加热，一定要用夹套锅油浴加热或用密封的电热板加热装置热胶。

(3)固体的热熔胶在使用前，必须先用预热装置预热，待合格后，再将其释放到涂胶的工作胶锅内使用。预热时间一般为2小时，严禁在工作胶锅内直接掺入固体胶块而破坏胶体温度及均匀性。

(4)预热胶锅内的胶量要掌握适当，不可过多，加胶量过多则使用不完，造成胶体轮番熔融，使其变质老化，黏度降低；也不可加胶量过少而不够用，造成等候熔融影响正常生产进行。

(5)在热熔胶的开放时间内(即7～14s内)，要完成全部黏合夹紧定型的过程；如遇停机，书夹内正要涂胶或在涂胶轮上面的书芯、刚涂完胶的书芯(没粘封面的)要立即取出,不得继续使用。

(6)在无线胶订机长时间修理阶段,应关闭预热胶锅和工作胶锅,防止胶体轮番熔融不使用而老化。

(7)EVA热熔胶的胶体使用温度一定要按技术参数标准执行,严格控制在使用温度范围内。

(8)预热胶锅和工作胶锅要定期清理,保证胶锅内的清洁,防止胶液中杂质沉淀、淤积而影响温度控制的精确性,严重时会造成恒温器失灵导致胶体冒烟、燃烧的现象。

13.什么是聚氨酯(PUR)热熔胶?

聚氨酯热熔胶即PUR热熔胶,是一种近年在国外使用的黏结书刊本册的材料,这种胶黏剂是一种强度极高、拉伸度好、耐高寒、耐高热、干燥后为象牙色(乳白色)的热塑料胶黏材料。聚氨酯热熔胶以蜡状密封形式包装,使用方法与EVA热熔胶基本相同。

14.如何使用PUR热熔胶?

PUR热熔胶使用时需经过预热、涂(或喷)胶、均胶后,将书册黏结并包上封面,夹紧定型完成其工作过程。

PUR热熔胶买来时是用特制胶桶包装,且必须密封,不可进入空气。预热有两种方法:一种用加热管插入桶内做局部预热(桶内的胶体为石蜡状),即加热管放入桶内中心加热,待达到所需温度后胶液从加热管中流到使用位置后进行喷或涂抹;另一种是整桶全部预热(用量必须大),即将整桶胶体进行加热,待加热到所需温度后注入加热的工作胶锅内进行涂抹使用,PUR热熔胶预热和使用时都要密封,遇空气胶液会逐渐凝固。

15.PUR热熔胶的温度与黏度怎样控制?

PUR热熔胶用涂胶轮上胶的胶温为115℃～130℃;用喷胶嘴上胶的胶温一般为115℃～120℃。PUR热熔胶对温度非常敏感,所以使用胶温必须按其参数严格控制,才能正常进行生产。

PUR热熔胶的黏度、拉力与干燥时间有直接关系,如涂胶包本定型3小时以后裁切时拉力测试值为3～6 N/cm,20小时以后拉力测试值为16 N/cm,72小时以后效果最好,拉力测试值可达到40 N/cm。如果用于高速联动生产线也可裁切,但会出现掉胶沫的现象。

16.使用PUR热熔胶怎样掌握室内温湿度?

使用PUR热熔胶的工作厂房对温湿度要求极为严格,工作厂房的温度必须保持在20℃～23℃;湿度保持在50%左右。

17.PUR热熔胶有何特点?

PUR热熔胶的黏度高,黏结性能好,涂层薄,涂胶轮与书背间距一般为0.5～1 mm,干燥后的胶层一般在0.4 mm左右。虽然涂抹的胶层很薄,但黏结强度很高,牢固不断裂,有很好的柔韧性,可以黏结精装书籍且不影响扒圆起脊。

PUR热熔胶的耐寒温度可达到－40℃,耐热温度可达到180℃,但PUR热熔胶不易干燥,无再粘性,涂胶后的纸张不能回收。

18.无线胶订单机使用哪种黏结剂比较好?

无线胶订单机一般使用EVA热熔胶,可选用中、低速的EVA热熔胶。

无线胶订单机运转速度较慢，不需要更快的固化与冷却，所以使用中、低速胶即可，且可降低成本。

19.无线胶订联动生产线如何选用黏结剂？

无线胶订联动生产线使用的黏结剂有两种：一种是热熔性胶，即EVA热熔胶或PUR胶；另一种是冷胶，即PVAC或PAV胶。通常使用的是EVA热熔胶。

无线胶订联动生产线由于速度快（最高时速可达10000本/时），需要的固化时间和冷却硬化时间要短，才能配合全线正常生产，所以要选用高速胶进行黏结；也可用冷胶，但要有高频介质加热装置，才能配合全线的高速生产。

20.常用印后装订单机有哪些？

常见的有：切纸机（单面）、切书机（三面）、折页机、粘页机、撞页机、配页机、捆书机、压平机、涂蜡机、铁丝订书机、锁线机、缝纫机、胶订包本机、分切机、糊壳机、烫印机、扒圆起脊机、压槽机、勒口机、覆膜机等几十种。

21.栅栏式折页机的工作原理是什么？

栅栏式折页机采用输纸辊和栅栏挡规进行折页。工作原理是：将要折叠的页张逐张分别送入两个同时向内侧旋转的输纸辊之间，由于输纸辊对纸张的摩擦，使纸张也产生一个与输纸辊相同的运动速度，纸张沿上栅栏轨道向前运动，并被送至挡规处，再经输纸辊摩擦运动，纸张被送到下栅栏挡规内，完成一折或二折的工作过程。

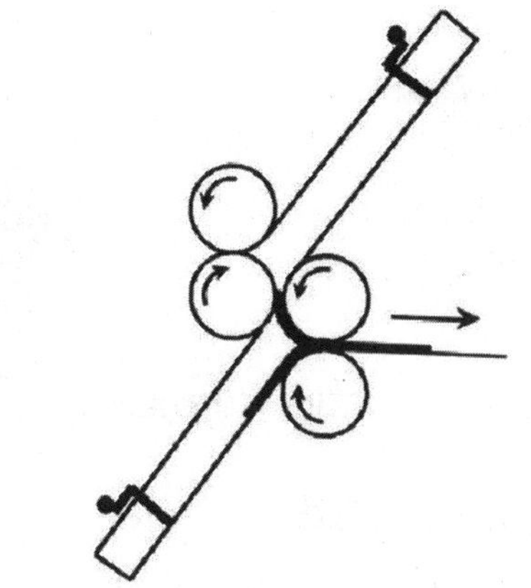

图 2—29　栅栏式折页机工作原理示意图

22.刀式折页机的工作原理是什么？

刀式折页机采用折刀与折页辊进行折页。工作原理是：利用折刀的刀刃将页张压入不断相对运动的两折页辊之间，给纸张以摩擦力，这个摩擦力即带动页张通过折页辊，同时又与折刀的下压力配合，再带动页张通过折页辊的同时，将折缝压实完成折页工作。

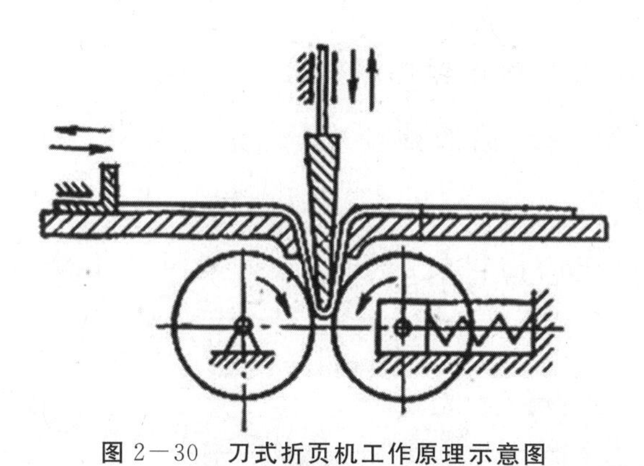

图 2—30　刀式折页机工作原理示意图

23.无线胶订联动生产线由哪几个机组组成？

无线胶订联动线主要由配页机组（含检测和坏书抛出装置）、主机包本机组、分切机组、自动堆积机组、三面切书机组、成品堆积机组组成。

图 2—31 无线胶订联动生产线

24.什么是骑马订联动生产线？

骑马订联动生产线是一种专为装订骑马订书册的联动生产线，它是由 4 个机组（也有 3 个机组）组成的，即搭页机和集帖传送带、折封面机、订书机、切书机；如果是 3 个机组，则没有折封面机。

图 2—32 骑马订联动生产线

25.精装书联动生产线由哪些部分组成？

由书芯压平机、涂胶烘干机、压紧定型机、切书机、加丝带机、扒圆起脊机、涂背胶机、三粘机（粘书背布、书背纸和堵头布）、书壳输送机、扫衬机、套壳机、夹紧压平压槽机、翻转机等组成。

图 2—33 精装书联动生产线

26.配锁联动生产线由哪几部分组成？

配锁联动生产线，是一条将配页机配出的书帖，自动传送到高速自动锁线机进行锁线成册的生产线。它是由配页机组、自动传送装置和高速自动锁线机组组成的一条比较先进的生产线。

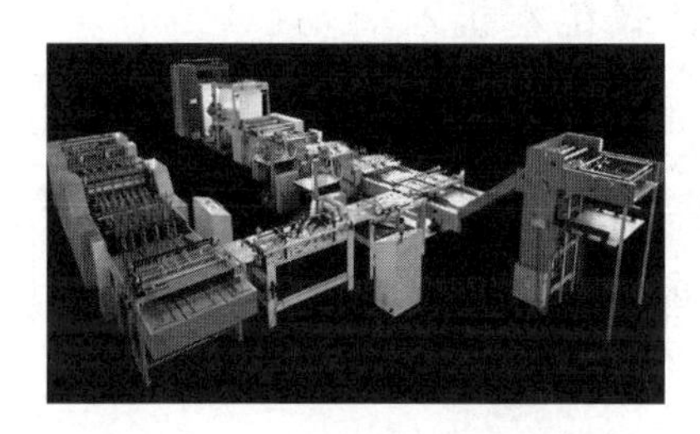

图 2—34 配锁联动生产线

27.什么是长条式包本机？

长条式包本机也称直线式包本机，因其对书心的加工轨迹为一条直线而得名。

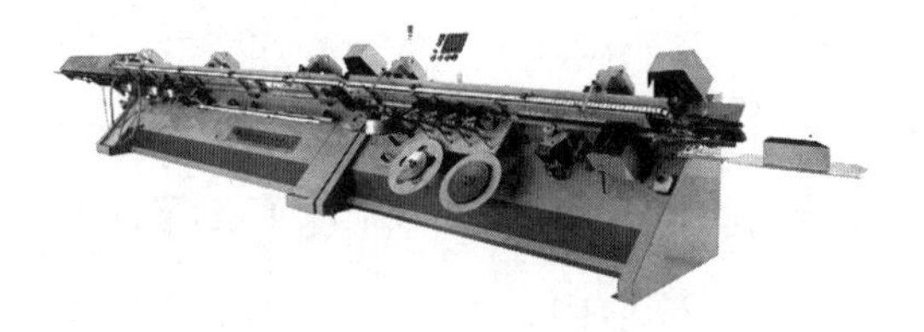

图 2—35 长条式包本机

28.什么是圆盘式包本机？

圆盘式包本机因其外形（平面图）呈圆盘状而得名。圆盘式包本机曾经是平装无线胶订加工中使用数量最多的一种设备，但这种设备在十几年的使用中出现了许多弊病，目前基本已被淘汰。

图 2—36 圆盘式包本机

29.什么是椭圆式包本机?

椭圆式包本机是在圆盘式包本机的基础上改进升级的一种新型包本机,它很好地解决了圆盘包本机的缺陷,速度更快,产品外观更好。这种包本机的工作过程是:进书、传送、夹紧、铣背、涂黏合剂、上封面、夹紧定型、传送、出书。

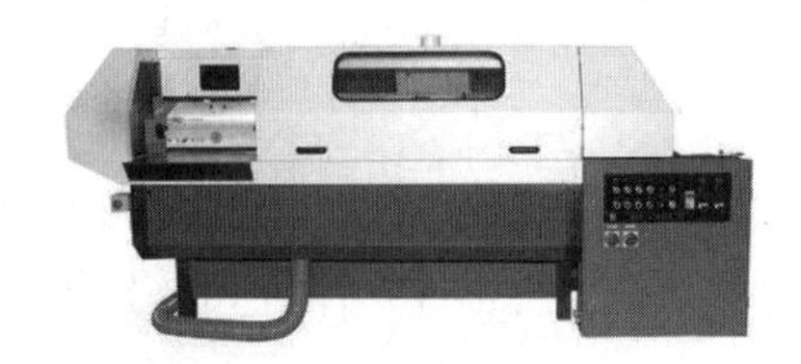

图 2—37 椭圆式包本机

30.什么是勒口机?

勒口机也称折前口机,是一种将包好封面的(平装书)前口多余的封面纸边折进书芯内的机器。勒口机有两种,一种是将切完前口包上封面的书册放入勒口机内,将封面的前口边折进;另一种是将包好封面的书册放入勒口机内,完成裁切前口和勒口的加工。

图 2—38 勒口机

31.什么是三面切书机?

三面切书机是一种将书册三面毛边同时切光的切书机，主要类型有半自动、自动、切双联等。

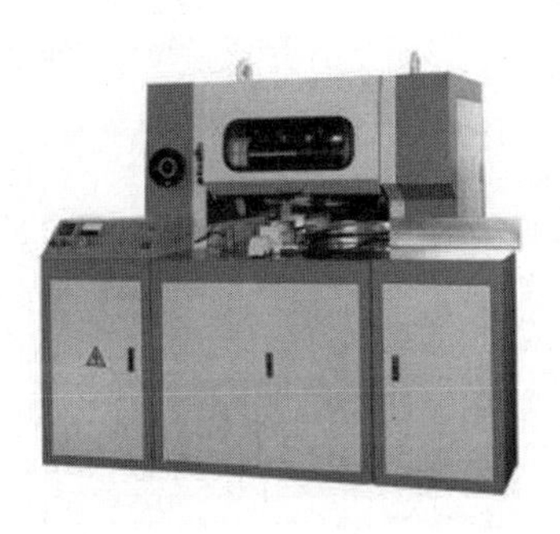

图 2－39　三面切书机

32.什么是 PUR 胶全自动覆膜机?

是一种用 PUR(聚氨酯)胶进行覆膜的全自动高速即涂覆膜机，也是目前世界上一种先进的覆膜工艺设备。这种设备有两种形式，一种是进行大幅面全部涂布覆膜形式;另一种是进行局部覆膜和 UV 上光的形式。大致转数在 10000 张/时。

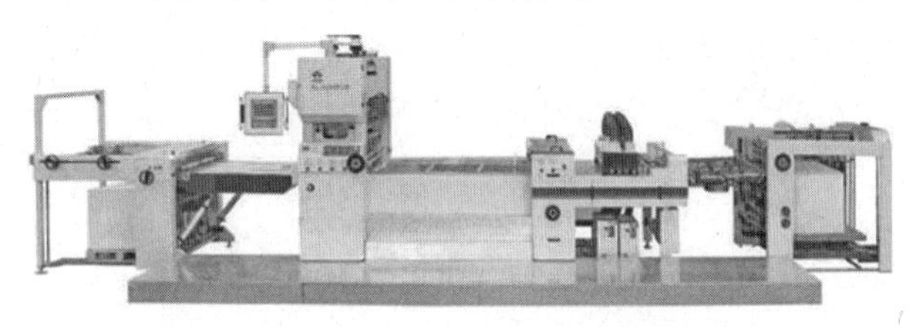

图 2－40　PUR 胶全自动覆膜机

第三部分 出版物印装质量

一、出版物印装质量的基本内容

1.出版物质量体系包含哪些内容？

出版物(印刷类，后同)质量既有同其他产品一样的物质质量属性，更有与其他产品不同的精神文化质量属性。我国出版管理法规明确规定，出版物的质量包括内容、编校、印刷或复制、装帧设计等多方面的要求，管理部门应对其实施监督检查。特别是对于内容质量，法规明确规定了禁止出版的内容和限制出版的内容。法规还对出版物的规格、开本、版式、装帧、校对等做出了必须符合国家标准和规范要求的规定。2010 年，新闻出版总署和国家环保部共同提出实施绿色印刷，出版物产品要实现绿色环保，环保质量也列入出版物产品质量内容。内容质量、编校质量、印刷复制质量、设计质量和环保质量构成出版物产品质量体系。根据《图书质量管理规定》，凡存在内容质量、印刷质量、编校质量、设计质量之一不合格的均为不合格产品。

内容质量是国家有关法律(如《宪法》)、行政法规、规章、政策文件,以及一些标准规范要求对出版产品内容的规范。

编校质量即编辑加工和校对质量,包含文字、语法加工、历史事件、专业技术知识等常识性内容的正确性与准确性。

设计装帧质量,主要是指图书、期刊等出版物的封面和内文设计(内容和形式)、版式、标识等方面的质量。

印刷复制质量、绿色印刷环保质量是出版产品的外在质量或载体质量,通过对产品的批质量或单册质量检测认定其物理特性及性能状况。

内容质量是出版物的内涵质量和核心质量,编校质量是内容质量的基础保障。印刷复制质量、设计质量和环保质量是出版产品的外在质量或载体质量,是出版物的物理质量(外在质量)。

出版物质量的基本要求是导向正确,内容健康有益,设计美观,印制精良,低碳环保。

2.绿色印刷环保质量的基本要求是什么?

2011年10月8日,新闻出版总署、国家环境保护部联合发布《关于实施绿色印刷的公告》,2011年10月17日国务院发布《国务院关于加强环境保护重点工作的意见》,开始在全国推广绿色印刷。绿色印刷是指对生态环境影响小、污染少、节约能源和资源的印刷方式。实施绿色印刷的范围包括印刷的生产设备、原辅材料、生产过程,以及出版物、包装装潢等印刷品,涉及印刷产品生产的全过程,强调印刷原辅材料的选择与生产过程中低污染、省资源、可回收。其核心内涵为环境友好、健康有益、顾及当代、兼顾下一代。根据2011年环保部颁布的《环境标志产品技术要求 印刷 第一部分：平版印刷》，环保印刷的基本要求为：印刷产品质量符合GB/T7705和CY/T5等国家和行业标准要求；企业排污达到国家或地方规定的排放要求；企业加强清洁生产。并对印刷原辅材料、生产过程、环境控制等作了要求。印刷用原辅材料及产品的环保要求是：油墨、上光油、橡皮布、胶粘剂不得添加6种邻苯二甲酸酯类物质（DBP 、BBP 、DEHP 、DNOP 、DINP 、DIDP）；严格限定印刷产品中有害成分（16种挥发性有机化合物和8种可迁移元素），油墨溶剂中的苯、酯、酮等不允许存在，重金属铅、铬、铜、汞等的含量不得超标。印刷企业对生产过程的控制符合环保标准要求，强调节约能源资源，印前、印中、印后及废旧物的回收利用等。印刷企业的生产环境达到环保要求，对周围环境不造成污染。

3.出版物的印刷质量有哪些要求？

出版物的印刷质量的基本要求，以前定性要求较多，以文字描述为主如：画面整洁，无水迹、油迹和条痕；无墨皮、纸毛、背面粘脏、重影、飞墨、浮脏等；文字、线条轮廓清晰完整，网点光洁，失真少；充分体现和反映原稿的风格和特点，质地感强；墨色色泽柔和，层次分明，景深清楚，拼接整齐，墨色协调一致；无褶皱、折角、糊版和花版，不堆墨；不偏色，不发闷，人物肤色自然，真实感强，实地平服；套印准确，边框正反面对齐等。

现在多以定量要求为主如：墨色的实地密度；表征图像阶调、层次、反差的印刷相对反差和网点扩大值；呈现同色效果的同色密度偏差、同批同色色差；叠印率、灰平衡，以及油墨的色偏、色效率、灰度、色强度等；影响图文清晰度的套印误差等。

4.出版物的装订质量有哪些基本要求?

书刊装订的工序包括折页配帖、订书、裁切等环节。

折页配帖的质量要求为:书帖页码和版面顺序正确,相邻页码误差≤4.0 mm,全书页码误差≤7.0 mm,接版误差≤1.5 mm;书帖平服整齐,无明显褶皱、死折、折角、残页和套帖;配帖不能出现重帖、缺帖、多帖以及乱帖错帖。

常见的订书方式主要有锁线订、无线胶订和骑马订。锁线订的质量要求为:锁线后的书帖排列正确、整齐,无破损、掉页;针孔光滑,无扎裂书帖;锁线松紧适当,锁定后书帖厚度要基本一致,平服整齐;无大卷帖和歪页;无漏针、折角、断线和线圈。无线胶订的质量要求为:背胶厚度适中,黏结牢固,不掉页、散页;侧胶黏度适当,侧胶宽度为3~7 mm,书背和封面粘贴牢固,胶黏剂无溢出或缺胶;无空背,无气泡,无褶皱。骑马订的质量要求为:订位为外钉眼距书芯长上下各1/4处,误差≤3.0 mm;钉脚订在折缝线上,无坏钉、漏钉、重钉,钉脚平直、牢固。

裁切的质量要求为:裁切方正,歪斜误差≤1.5 mm;成品尺寸误差≤1.5 mm;成品裁切后无严重刀花,无连刀页,无严重破头。

5.出版物质量如何划分等级?

按照《印刷产品质量评价和分等原则》的规定,印刷品质量水平划分为优等品、一等品和合格品三个等级。其中没有不合格品等级,所谓不合格品,是指达不到现行相应标准的产品,原则上是不能出厂的,因此在产品质量分等中无须将其列入。

优等品的质量标准必须达到国际先进水平,实物质量水平与国外同类产品相比达到近5年内的先进水品。

一等品的质量标准必须达到国际一般水平，实物质量水平应达到国际同类产品的一般水平或国内先进水平。

合格品按我国一般水平标准（国家标准、行业标准、地方标准或企业标准）组织生产，实物质量水平必须达到相应标准要求。

6.什么是批次产品质量检测？

根据相关规定，对出版印刷批次产品的印装质量监督和检测，采用批次产品抽检的方式。《图书质量抽检办法》依据现行有关国家标准及行业标准，综合历年图书抽检工作制定，对批次产品抽检过程和方法进行了规定，是主管部门和相关从业单位所依据的主要办法。

办法规定了本版图书和教材样本抽取方法及判定方案：

表 3－1　本版书一次抽样、判定方案（检查水平为 S－4，AQL 值为 4.0）

批量	501～1200	1201～10000	10001～35000	35001～500000
样本大小	20	32	50	80
合格判定数	2	3	5	7
不合格判定数	3	4	6	8

表 3－2　教材一次抽样、判定方案（检查水平为 S－3，AQL 值为 6.5）

批量	501～3200	3201～35000	35001～500000	≥500001
样本大小	13	20	32	50
合格判定数	2	3	5	7
不合格判定数	3	4	6	8

根据规定，对抽出的样本的印装质量采用综合判定原则进行质量判定，样本不合格数超过不合格判定数者，即判定本批次产品为不合格。

二、出版物印装质量主体与印装质量

1.我国在加强出版物产品质量管理采取的措施有哪些?

我国在加强出版物印刷产品质量管理的主要举措有:加强质量监督管理,加强质量监督检测机构建设,完善质量管理制度规范和技术标准,加强质量体系建设工作,加强质量管理人才培训等。

(1)加强质量监督管理

通过出版产品质量管理年活动,“3.15”出版产品质量监督检测活动,对出版物印刷企业实施监督抽查,出版(印刷)产品质量专项检查、公布不合格产品、责令收回销毁,实行出版资质管理。

(2)加强质检中心建设,推动各地质检机构发展

2007年以来,新闻出版总署提出了新闻出版行业要搞“大质检”的思路,要求建立权威的、覆盖所有出版产品种类的、质量工作内容完善的、专业的质量监督管理和检验鉴定机构。2007年11月27日“新闻出版总署出版产品质量监督检测中心”正式成立。目前已经在上海、江苏、辽宁、福建、江西、陕西等地设立分中心。目前全国各地已有30多个质量检测中心(站)。

(3)完善质量管理制度规范、技术标准

建立出版和出版产品准入退出机制(如养生保健类图书和教辅资料出版资质管理),实施不合格产品召回办法,修订、出台质量标准和规范(如制定质量监督检测办法,参与制定、修订印刷、复制、数字出版标准规范),推进出版、印刷、复制企业建立和完善质量保障体系等。

(4)加强质检体系建设工作

目标是要建立一个权威性、全网络、全天候、全品种、全覆盖的质量管理体系。质检工作做到“五统一”:统一标准、统一规范、统一检查、统一管理、统一公告。质检程序做到事先有标准,事中有规范,事后有检查。

(5)加强质量管理人才培训

每年举办培训班,为新闻出版管理部门和印刷企业培养质量管理、质量技术和质量监督检测人员。

2.出版社应如何看待出版物印装质量?

出版社应充分重视出版物印装质量,印刷质量也是出版物的竞争力。图书印装质量说到底就是图书等精神产品的实体呈现的物理属性状态和水平,是出版物质量体系的五大组成部分之一。在当下“看脸”的时代,印装质量决定着出版物给读者的第一印象,影响着读者的购买欲望,甚至在某些情况下决定着读者的购买欲望。

在图书的生产线上,出版社和印厂是上下工序、前后流程的关系,上下工序、前后流程必须紧密联系,密切配合,才能生产出令人满意的产品来。在出版物印装质量管控体系中,出版社是质量要求的发出者,规定着对出版物印装质量的理想和要求;而印刷厂是质量要求的完成者。一种出版物,出版社编辑的设计和对质量高低的要求,是决定出版物最终印装质量的根本因素。同时我们必须看到,出版社编辑的设计也必须充分考虑印装设备等条件,体现在编辑设计方案中的对出版物印装质量的理想与要求,如果脱离了印装设备等条件的限制,那么,其作用只会是适得其反,生产不出高质量的产品,甚至可能造成产品质量的不合格。

3.出版社对出版物印装质量有何影响?

出版物的印装质量问题不仅和承印单位密切相关,也和出版社有着重要联系。出版社的编辑设计、工期要求、工价以及质量要求都对出版物的印装质量有重要影响。

编辑设计是对出版物的物理形态的设计,是对出版物最终成品形态的规定。出版社从接稿开始,编辑、美编的工艺设计,以及材料的选择,是不是为印刷、印后加工做了好的准备,对出版物印装质量有深刻影响,前期编辑设计等上工序和后期加工的沟通协调十分重要,上工序永远要为下工序着想,才能更好地实现设计理想,才能生产制作出优质的产品。由于市场的需要,多样性复杂性是趋势,我们应该鼓励创新,但是创新必须有生产加工可行性的支持,必须有根基。不和后期加工者沟通,忽视印装设备、现行技术和加工的限定,其设计实现的可行性低,或没有实现的可能,再好的设计看上去再美,也只是天马行空,最终必然影响到印刷品的质量。

出版社的工期要求也必然会影响到出版物的印装质量。工期是一种加工物需要的加工时间和期限,是由特定加工物的特点、繁简程度而决定的。工期安排需要有科学性,如果任意缩短工期,就可能造成难以想象的质量问题,比如覆膜,必须在彩印完成后经过恒温条件(16℃～30℃)下至少 6 小时的自然干燥期才能进行,否则会引起纸张收缩变形。精装书必须保证 12 小时自然干燥后才能压槽。

出版社的工价要求,决定了承印单位的利润空间,从而决定承印单位的原辅材料、工艺的选用,进而影响到印刷品的质量。印刷工价从 20 世纪 80 年代开始开放,现在人工成本、原辅材料成本等呈上升趋势，过低的工价容易造成恶性循环。印厂为了保证必要的利润，降低成本，就买差的材料，工艺也得到不保证，从而影响产品的最终质量。

出版社的质量要求也决定着印刷品的最终质量效果。

4.出版社应如何把握节约成本与印装质量的关系？

出版社尤其是编辑，是出版项目的具体实施者，在出版物生产过程中，不仅要考虑产品的社会效益，同时要考虑产品的经济效益，要考虑项目的投入与产出比。在此过程中，印装作为前期投入的主要部分，必然也应当充分考虑节约成本的问题。印装技术的不断进步也为降低印装成本提供了客观可能性。但同时我们要看到，出版物的印装质量是以相应质量的原材料和必要的人力资源甚至是需要相应的硬件设备为支撑的，缺少了必要的成本支出，就不能保证高质量的原材料、人力资源和硬件设备的支持，就缺少了必要的基础来保证出版物的印装质量。

5.编辑、设计人员应从哪些方面入手，掌握图书印装知识？

从图书生产流程看，出版社和承印单位是上下工序、前后流程的关系，而编辑、设计人员是出版社图书生产工作的主要承担者，他们对图书物理形态的要求和想法，对图书的印装有很大影响。编辑、设计人员掌握一定的图书印装知识，对于图书生产的顺利展开，乃至于充分保证图书的印装质量非常重要。编辑和设计人员可以从以下几方面入手，掌握和提高图书印装知识。一是图书本身的物理属性。图书是物化的精神文化产品，是精神文化物化的主要的方式，也是精神文化传播的主要载体。应掌握好图书的物理属性，诸如图书外观、图书组成要素等。二是图书印装的专业基础知识。包括图书生产的原辅材料尤其是纸张的各方面性质、图书印刷装订整饰加工流程等。三是图书印装的发展趋势，包括图书产品形态的发展趋势、印装工艺的发展动态水平等。四是图书印装质量的要求。

6.什么是书籍装帧设计？

书籍装帧设计是指从文稿到成书出版的整个设计过程，是书刊造型设计的总称，也是完成从书籍形式的平面化到立体化的过程，它包含了艺术思维、构思创意和技术手法的系统设计，是书籍的开本、装帧形式、封面、腰封、字体、版面、色彩、插图，以及纸张材料、印刷、装订及工艺等各个环节的艺术设计。在书籍装帧设计中，只有从事整体设计的才能称之为装帧设计或整体设计，只完成封面或版式等部分设计的，只能称作封面设计或版式设计等。

一般而言，书籍的装帧设计至少包括三个方面的内容：封面设计和版式设计、原材料选用以及加工工艺的选择。封面设计和版式设计是对书籍内容的立体化、物质化展示的期望，也是后期加工的蓝图，是书籍装帧设计的中心工作；原材料是书籍以及装帧设计走向物质化的基础和依托，选择不同原材料，会带来不同的物化效果和审美效果；加工工艺的选择是书籍装帧设计走向物质化的方式方法的选择。三者缺一不可，共同使书籍的精神内容走向物质化，并最终决定这种物质化的细节和具体形态，形成定型的物化效果和审美效果。

7.为保证出版物印装质量，出版物装帧设计要注意哪些原则？

（1）根据书刊的内容、品级、档次和价值来进行设计和选材

设计风格和材料的选定，其中心依据应该是书刊的内容、品

级、档次和价值，设计不是设计者天马行空的想象，也不单纯是设计者个人风格和审美情趣的体现，它必须依据书刊的内容等要素而定，不同内容的书刊，所要求的总体风格和审美情趣是不相同的。同样，不同材料的选择，也必须和书刊的内容、品级、档次和价值相一致。

(2)在设计的过程中始终要注意整体与局部的和谐统一

书籍装帧设计是一项综合的系统工程，要追求书籍整体美。书籍是文化商品，是从整体到局部的和谐统一来感染读者的。所以书籍的品位高低决定了书籍在读者心中的位置。书籍的高品位来自于整个规划中每个部分严谨而不可忽视的组织形式。

书籍的外部设计有函套、护封、封面等，它们起着宣传和保护的作用；书籍的内部设计有环衬、扉页、正文、插图、版权页等；书籍整体形态及材料的设计有开本、精装、平装、纸张、印刷、装订等；对书籍运输及销售的设计有书盒、包装箱、手提袋、广告、宣传册等。这些都是书籍整体统一的形象。设计者必须仔细考虑每一个细部环节，任何一个细小的环节都不可大意或省略，要对每一个细节之间的互相配合统筹考虑，才能打造出一本优秀的书籍装帧设计。

在书籍的整体设计中，封面是书籍整体设计的代表形象，因为它是一本书的第一视觉形象，所以封面设计必须反映出书籍整体的内涵，在设计中要采用整体对比效果、富有创意的图形、个性化的版式构成，达到强烈的视觉效果。书籍在书架上摆放时大多是书脊面对读者，书脊虽然是一小窄条，但也是非常重要的设计环节，要和封面的设计统一协调起来。另封底、勒口、环衬等每一个局部，都会给读者连续性的视觉感受，要让读者在翻阅的过程中领悟到每一个细小局部给整体设计带来的精彩，使得整体有更充实的内涵。

(3)选择相适应的材料与手段表现设计意图

根据书籍内容选择相适应的材料,采用相适应的手段,才能有效地表现出书籍设计内涵。如果运用材料得当,即便是廉价的材料也能设计出高品位的书籍,这需要依靠形式手段来完成,其中包括印刷手段和装订手段,以及设计的艺术形式。书籍设计实际上是一种风格的体现,首先要根据书的内容,了解写书者的个性特征,最后融合设计者的设计风格,这既不会失去设计者设计风格的一贯性,形式手段也就是两者之间的风格纽带。形式手段是书籍风格的决定因素,定位准确就能事半功倍,以最小的代价获得比较满意的艺术效果。

(4)根据加工的可行性进行设计

一方面,随着设备的更新,技术的发展,目前的技术水平给设计人员留下了很大的发挥空间,但同时也还存在一定的限制,设计与工艺的选择必须充分考虑到后期印刷和加工的可行性。比如封面材质不平的图书,烫版重了容易糊,轻了发虚。比如该用骑马订就用骑马订,该用无线胶订就用无线胶订。太厚的书选择骑马订容易破头。太薄的书不宜在背脊上设计文字,否则容易造成书背字歪斜。

8.为保证出版物印装质量,出版物印前设计中的注意事项有哪些?

出版物印前设计要考虑到制版、印刷乃至印后加工的各个工序,须注意以下问题。

(1)出血位

为了使裁切后不留下白边,页面边缘上有图片或颜色的地方一定要向外延伸出去 3 mm，多出去的部分在裁切成品时会被裁掉。

(2)图片

①胶印使用的图片分辨率一般都在 300 dpi 以上，太低了印刷不清楚，太高了浪费制作时间和存储空间。

②不能在排版软件中将图片尺寸放大超过 20%。

③图片的色彩模式一定要转换成 CMYK 模式。

④专色的调整还原。

(3)文字

要确保出片中心有设计者使用的字体，矢量软件中最好将文字转换为路径，转换后要仔细检查是否产生乱码。

(4)套印

套色印刷时，下面几种情况会很容易产生套印不准，印前设计要检查校对，并给客户提供修改建议。

①两色以上很细的线。解决办法为细线条尽量使用单色，而且要注意压印。

②图片或两色以上底色上的细反白线。解决办法为建议客户使用稍粗一点的反白线。

③小于 8 磅的套色文字。解决办法为加大字号或使用单色文字。

(5)色彩

实际批量生产时，能否印刷再现原来的颜色对于印前设计很重要。这是个理论联系实际的过程，如果设计的颜色在实际印刷中会发花、会偏色、会过暗或过亮，尽量在印前设计就加以避免，使后工序还原复制最真实的颜色。

①面积过大的实地色块印刷出来后很容易发花，这是印刷

水平和技术的问题，设计时可根据印厂的技术水平选择。

②设计时没有用整数的颜色数值，比如C43、M68、Y27、K36等等，这样的颜色在制版和实际印刷时有可能会变化。

③过小的颜色差别，比如M52和M54之间，有可能印成一个颜色，也有可能印出来颜色差别太大，设计时应尽量避免这样设计。

④色彩模式从RGB转换成CMYK后一定要仔细检查，有时候转换后变化非常大，需要在印前进行调整。

(6)咬口

印刷时纸张靠叼纸牙来带动，因而纸张的咬口边有一定的宽度是不能印刷上图文的，不同印刷机咬口宽度也不一样，一般为10mm。印前设计一定注意检查是否留有咬口位。

(7)排版

不同的排版方式所要求的印前设计也不同，并且会直接影响到印后的折页和装订等。另外，使用不同的印刷机、印后设备也会有不同要求的排版方式，一定要注意排版是否正确，避免由于排版出现问题导致印刷或印后无法进行生产，这些问题在印前设计的时候就要及时处理。

(8)书脊设计

一般可以通过纸张厚度和图书页数计算出书脊的厚度，但是由于实际中纸张厚度存在偏差，导致计算书脊厚度与实际不符，故设计中要考虑这个因素，尽量避免在书脊的两边有明显界线，书脊的背景最好能与封面封底融为一体。封面毛尺寸与装订方式相吻合。

9.印刷企业应如何看待印装质量?

印刷企业是图书印装工作的承担者，对图书印装质量负有主要责任和直接责任，承接图书印装任务后，应按照委托单位的要求和国家的质量标准，保证和提高印装质量。在当前情况下，图书生产呈现短、平、快的发展趋势，图书生产周期要求越来越短，在这种情况下，承印方更不能掉以轻心，应保质保量地完成生产。现在的另一个趋势是，印制企业的内部考核，往往采取计件制，形成工人更注重“看得见”“可量化”的生产速度，相对忽视“看不见”的印装质量，长此以往，必然形成重量轻质的局面，图书的印装质量得不到保证，生产水平得不到提高，最后受影响的必将是承印单位。承印单位应加强质量意识，建立健全质量管理和考评制度，在印前、印中、印后等各个具体生产环节加强节点质量检测，确保每一关口的质量，将质量管理做深做细，这样才能保证图书的印装质量，提高生产水平，最终受益的也将是印制企业。

10.印刷企业应掌握哪些质量管理原则？

ISO/TC176/SC2/WG15 结合 ISO9000 标准制定工作的需要，通过广泛的顾客调查制定成了质量管理八项原则，是一个组织在质量管理方面的总体原则，这八项原则也适用于印制企业的质量管理体系的建立。

(1)以顾客为中心

对员工进行培养训练，了解顾客现有的和潜在的需求和期望。测定顾客的满意度并以此作为行动的准则。

(2)领导作用

建立以质量为中心的领导方针和企业目标。明确企业的前景、方向，价值共享。设定具有挑战性的目标并加以实现。

(3)全员参与

划分技能等级,对员工进行培训和资格评定,明确权限和职责。利用员工的知识和经验,使得他们能够参与决策和对过程的改进,让员工以实现企业的目标为己任。

(4)过程方法

建立制度化的过程方法、质量控制和保持过程。着眼于过程中资源的使用,追求人员、设备、方法和材料的有效使用。

(5)系统管理

建立并保持实用有效的制度化的质量体系。识别体系中的过程,理解各过程间的相互关系。将过程与组织的目标相联系。针对关键的目标测量其结果。

(6)持续改进

通过管理评审、内外部审核,以及纠正、预防措施,持续地改进质量体系的有效性。设定现实的和具有挑战性的改进目标,配备资源,向员工提供工具、机会并激励他们持续地为改进过程做出贡献。

(7)以事实为决策依据

以审核报告、纠正措施、不合格品、顾客投诉及其他来源的实际数据和信息作为质量管理决策和行动的依据。把决策和行动建立在对数据和信息分析的基础之上,以期最大限度地提高生产率,降低消耗。通过采用适当的管理工具和技术,努力降低成本,改善业绩和市场份额。

(8)互利的供方关系

适当地确定和满足供方的要求并将其制度化。对供方提供的产品和服务的情况进行评审和评价。与供方建立战略伙伴关系,确保其在早期参与确立合作开发以及改进产品、过程和体系的要求。相互信任、相互尊重,共同承诺让顾客满意并持续改进。

11.印刷企业应采取哪些质量管理措施?

印制企业实施质量管理的具体措施主要有以下几方面:

(1)增强质量意识,实施全员质量管理。

(2)严格依法、依标准生产。

(3)建立和完善内部质量管理体系。

(4)严把质量关口,把好原材料、制版、印刷、装订、出厂检验等关口。

(5)加强质量技术、质量管理、质量检测人才培养。

(6)妥善处理物价、工价、市场、出版周期与质量的关系。

12.什么是印刷标准化?

印刷标准化就是对印前、印刷、印后等各个环节的工艺要求、过程、要素制定一个标准,设定一个符合企业本身的容差范围,然后严格地按照操作规范执行。一个印刷企业实施标准化可以从以下几方面着手。

(1)人员

构建初期首先应该让企业的领导建立起标准化意识,然后对企业员工进行数字化、标准化的培训。让员工建立起标准化、数字化的意识以后,成立印刷标准化工作小组。将印刷标准化的各项措施落实到位,并且严格按照操作规范执行,并设定监督机制进行监督。

(2)构建企业标准化数字化作业体系

在员工建立起了一定标准化的意识以后,就可以对企业进行深度剖析,解析包括印前、印刷、印后每一个工艺环节控制的关键点，通过对现代印刷企业工艺流程结构及岗位设置的全面了解，制定每个岗位的基本作业技能要求和作业规范，并制作相应的培训课件、操作视频或动画，从而构建起企业的标准化、数字化的作业体系。

(3)标准化认证

在建立企业标准化的过程中，一些全新的数字化认证方法对企业实施标准化、数字化也是必不可少的。目前印刷行业内比较权威的G7认证就是一种全新的数字化评测、控制、优化的方法。G7认证测试对印前物料、CTP、生产环境、印刷质量评价参数都有明确的控制标准以及容差。整个测试过程就是一个标准化的印刷过程，只有在该标准下的容差范围内才能成功地通过G7认证测试。G7认证测试包含了对油墨、纸张、环境、CTP、印刷机整个印刷工艺流程的测试，从而建立对整个印刷工艺流程的标准化。

13.印刷过程控制有哪些环境要求？

印刷过程对环境有较高的要求，主要体现在以下方面：

(1)控制好纸张缓冲区、印刷、质检、装订、表面整饰等区域的温度和湿度。印刷质量在很大程度上取决于印刷车间的温度、湿度，作业环境的温度、湿度对纸张的变形、油墨的流动与传输等影响是很大的，同时，在某种程度上还会影响到操作人员的情绪。一般，温度允许范围为18℃～28℃(全天变化不超过5℃)，相对湿度允许范围45%～70%(全天变化不超过10%)。

(2)照明要使用标准光源。照明的要求包括以下几方面：透射光源为D50(色温为5000K)，反射光源为D50或D65(色温为6500K)；显色系数大于等于90%；照度为500～1500 lx，特殊场合需大于等于 2000 lx；观察条件：0°/45°或 45°/0°，环境无偏色干扰。

14.如何对印刷品质量进行流程控制？

印刷品质量流程控制的环节有：印刷材料的质量控制、印前质量控制、印刷过程质量控制、印后质量控制。

15.印刷材料质量控制主要内容有哪些？

（1）采购控制

建立“原辅材料采购控制程序”并对生产用的原辅材料进行分类管理，特别是主要原辅材料的管理。对产品质量有直接影响的称为主要原辅材料，主要原辅材料有纸张、油墨、润版液、印版、橡皮布、上光油、胶黏剂等。

主要原辅料材料供应商应稳定，所使用的材料型号应基本固定。应根据产品质量需求，“用什么，买什么”，不能“买什么，用什么”。

所有生产材料在进行批量使用前都应进行工艺测试、技术参数测试、稳定性测试等。

生产材料的稳定，是实施质量控制标准化、数据化的前提条件。例如油墨的改变，必须重新进行色彩管理的测试，这就一定会带来生产过程控制方法的改变，从而带来工艺参数的改变。即当生产材料发生变化时，生产机台的工艺技术参数要同时发生改变。

（2）质量控制

建立“原辅材料质量检验控制程序”并对进厂的主要原辅材料进行质量检验。

制定各种原辅材料的来料检验规程及检验项目。例如纸张检验项目主要有出厂日期、生产批次、质量等级、规格、定量、厚度、不透明度、白度、色度、色差、光泽度、含水量、纤维均匀度、尘埃度等;油墨检验项目主要有色相值、色灰度值、黏度等;热熔胶检验项目主要有软化点、熔融黏度、开放时间、固化时间、硬化时间、杂质含量等。

建立“绿色环保生产材料标准”并对进厂的主要原辅材料进行质量检验。

通过绿色认证的企业,应对用于产品本身的生产材料进行“绿色环保”指标的确认。一般生产材料的“绿色环保”指标很难在入库前进行检验,可通过与供应商签订“绿色环保”保证书和提供相应的材料检验报告的方式,对供应商加以控制。

(3)试用材料控制

建立“材料试用控制程序”,在试用过程中对原辅材料进行科学控制,防止在试用过程中造成质量事故。

针对每种产品制定出具体的“生产过程材料测试方法”,以确保测试过程的科学性、规范性,使得测试数据具有对比性。

建立“生产过程材料测试报告”,对生产材料的测试结果进行性能分析、成本分析。

16.印前质量控制主要内容有哪些?

印前质量控制主要包括以下环节:

(1)建立文件检查、图像处理、文件排版、文件修改、数码打样、打样检查、电子拼大版等工作的标准化、数据化工作流程。

(2)对客户自来文件进行全面检查,为客户做好把关工作。

(3)定期对印前设备进行校准,确保印版分色设备、打样设备的稳定性。

(4)胶片、晒版质量控制及检验,确保印刷质量符合要求。

胶片上的黑色实地的密度值应达到3.5,若低于这个值,在晒版时,网点就透光,从而引起感光层曝光,造成印版上的网点不坚实,则印刷时密度偏低,而且网点容易掉落,造成掉网。在印刷前对胶片质量进行严格的检验,可以在第一时间发现问题,解除后期印刷的重大隐患,否则,等到印制过程中或印制完成后才发现问题,那将会带来很大的损失。

晒版时,要按照要求严格控制曝光量,如果曝光时间过长,将会造成印版上网点不坚实甚至丢失,印刷时掉网。晒版时,要保证3%的小网点不丢失,95%的网点不糊,这样,才能保证印刷过程中层次和阶调的完美再现。操作者应根据情况,配合测试条在不同条件下确定出不同的曝光量。晒版的环境要规范、整洁,晒版前要清洁原版和晒版玻璃,以免微小异物造成抽气不均匀,图文发虚。其次,对显影过程的控制也是晒版质量的重要因素。显影液浓度必须严格按要求配制并控制好显影速度,以免因显影液浓度高、温度高或速度快而使小网点丢失,或因为显影液浓度低,速度慢或温度低而造成版上脏、糊版的现象。

17.印刷过程质量控制注意事项有哪些?

网点、颜色复制的真实程度,以及印刷过程的稳定性是印刷质量控制的关键点。其中叠印区的网点大小是最重要的控制要素。影响印刷质量的其他因素还有环状白斑、糊版、起脏、套印不准等。对于客户,令其不满意的原因是原稿与印刷图案存在色差。一般而言,在印刷工作当中产生这种原稿与印品之间的差异的主要原因是不适当的印刷工艺。所以,印刷过程质量控制主要需要注意水墨平衡及印刷压力控制。

三、印装质量问题及规避办法

1.印装质量的评判方法有哪些？

目前对于印刷类出版物的评价方法主要可分为：主观评价法、客观评价法、综合评价法。

（1）主观评价法

基于评价者的经验，对照原稿或样张，依据一定标准，根据评价者的感受对印刷品做出评价。影响主观评价的因素还有照明条件、观察条件和环境、背景色等。主要针对印刷品的美学因素，对表观质量的评价。

（2）客观评价法

借助于特定工具，利用某些检测方法，对印刷品的各个质量特性进行检测，用数值表示，用恰当的物理量（质量特性参数）进行量化描述和评价。主要包括阶调（层次）再现、色彩再现、清晰度等，可使用密度计、分光光度计、控制条、图片处理手段等。常用的检测方法主要有：①测量法，用规定的仪器和工具检测印刷品质量。②计算法，用专门的数学模型检验印刷品质量。③目测法，目测或借助工具检验印刷品质量。④比较法，以常规条件印刷的色标、梯尺和测控条为参照物，检验印刷品质量。

（3）综合评价法

印刷品的评价，因为受到很多主观、客观因素的影响，要真正判定质量的优劣并不是容易的事情。所以在质量评价的实践中，往往采用综合评价法。综合评价是以客观评价得出的数值为基础，与主观评价的各种因素相对照，以得到共同的评价标准。综合评价方法具有以下特点：首先确定产品主观评价印象的一致性，这是综合评价法的基础；再根据客观评价手段，对产品质量性能参数指标进行测量；最后将测试数据通过计算、做表，得出印刷质量的综合评价分，判定质量等级。

2.什么是严重质量缺陷？

对于印刷类出版物，严重质量缺陷是指那些严重超出现行国家标准及行业标准中合格产品技术指标范围，产生严重的不良视觉，甚至影响阅读和使用的质量问题。按照我国质量标准的相关规定，只要满足以下任意一项条件，该样品即认定为不合格品。按照质量标准的规定，出版物的严重质量缺陷有：

(1)散页、掉页或背胶断裂；

(2)错帖、少帖、倒头帖等；

(3)白页，即不应出现空白页的位置出现空白页；

(4)废页，即出现与本书内容无关纸页或印刷过版纸页等；

(5)残页，即纸页破损，致使图像、文字或页码缺失；

(6)裁切成品后有效图文局部缺失，如封面、正文、页码、书眉等图文缺失；

(7)图文区域出现“死折”，皱褶打开后，图文断开宽度大于等于 1.0 mm；

(8)文字或网点重影，重影超过版心面积 50%以上；

(9)糊字、坏字，造成一个及以上文字不能识别或影响阅读；

(10)明显脏迹，影响阅读的油污、水污或粘脏、蹭脏等；

(11)覆膜起泡、起皱或起膜造成严重不良视觉的；

(12)书背字不完整，平移或歪斜至封面、封底上；

(13)接版误差超过 2.0 mm；

(14)成品裁切歪斜,边长差或对角线长差超过 2.5 mm;

(15)溢胶遮盖或粘连图文(扉页、末页、封二或封三的图文);

(16)套印误差过大,封面套印误差大于 0.25 mm、正文套印误差大于 0.4 mm;

(17)骑马订坏钉、漏钉,以及平移或歪斜至封一或封四;

(18)精装环衬断裂或书背开裂露出书背布等。

3.什么是一般质量缺陷?

一般质量缺陷是指那些超出现行国家标准及行业标准中合格产品技术指标范围,产生一定的不良视觉,但不影响阅读和使用的质量问题。单个的一般质量缺陷虽不至于使样本评判为不合格,但单册图书存在 4 项及以上一般质量缺陷,也可综合判定为不合格品。

印刷类出版物经常出现的一般质量缺陷,在印刷工序中,主要有墨色不匀、色差较明显,图像套印误差超标,正反面套印误差超标,实地、文字或网点虚花,页面脏迹(墨皮、墨点、砂眼白点、小面积粘脏、蹭脏等)。

在印后工序中的一般质量缺陷主要有:书背不平直(呈弧形),书背空泡、空背,书背字歪斜或平移,页码位置误差大,背胶不匀,侧胶溢胶,内页有皱褶、折痕但不影响辨识或阅读,裁切毛边、刀花、破头,成品裁切尺寸误差在 1.5～2.5 mm 以内,骑马订钉位超标,小面积覆膜起泡、起皱、起膜,封面(底)UV 局部上光套印误差超标,模切毛边或套准误差超标,压凹凸套准误差超标、烫印图文不实(虚花)或糊版,精装书飘口误差超标、书背布过窄过短等。

4.出版物印装质量问题大致可以分为几类?

印刷品按照加工的程序和加工的性质,大致可以分为印刷、装订和加工整饰环节。各个环节都可能出现质量问题,因此,出版物印装质量问题可归纳为印刷质量问题、装订质量问题(包括折页、订书和裁切等方面的质量问题)和加工整饰质量问题(包括 UV、上光、烫印、覆膜等方面的质量问题)三大类。

5.印刷过程中的质量问题有哪些?

就当前大量书刊产品检测分析总结来看,印刷品常存在文字虚、花、糊,缺笔断画,图像网点不饱满、均匀度差,图边不完整,平网底色发花、不平,实地、大号标题字着墨不饱满,透印严重,掉粉、掉毛或纸张本身存在黑斑点,墨迹扩散,荷叶边,起皱等问题。为解决这些问题,在书刊印刷中应该选用有优良的表面强度、理想的吸墨特性、良好的拉力、较好的平整均度、均匀一致的白度,以及不产生严重透印、掉粉、掉毛,没有明显的黑斑点等缺陷的纸张,只有这样才可以满足高品质印品的需求。

6.水墨平衡对印刷质量有什么影响?

在印刷过程中,水墨平衡控制掌握不当会给印品质量带来很大的影响,导致印品套印不准、色彩还原失真、出现“花版”“糊版”等现象。

(1) 影响套印准确

由于版面水分过大,转印后纸张吸收过量水分而伸长,待准备套印下一色时,又由于纸张四边散发出水分而收缩,导致纸张无规则地伸缩变形,造成套印不准。

(2)阻碍油墨正常传输

在印刷过程中,由于版面水分过大,使版面水分在机械压力和墨辊间作用下，挤压进油墨内部，造成油墨过度乳化。过量的水分还会积聚在油墨表面，严重时，使墨辊与墨辊、墨辊与版面、版面与橡皮布之间存在水层。当水层达到一定程度时，就会严重影响油墨的正常传递，从而对产品质量造成影响。

（3）导致印品墨色变浅，光泽度下降

印刷时由于版面水分过量，水分往往呈细小珠状分布于墨辊表面，并受机械力作用分散于油墨中，从而减小了单位面积上的颜料颗粒的数量，使油墨的颜色饱和度降低，乳化值增大，墨色变浅。不仅使产品墨色灰平，而且印版“花版”“浮脏”等现象相继产生，造成印刷故障。同时当油墨中含有过量水分时，印品墨膜便不能充分氧化结膜，表面粗糙、不光滑，使墨膜暗淡无光，印品印迹光泽度下降，影响到印品网点呈色和色彩的还原效果。

（4）糊版起脏

当版面墨大水小时，造成版面墨量过多，墨层过厚，在挤压力作用下，图文网点铺展、糊版起脏，致使印品出现质量问题。

7.印刷过程中如何控制水墨平衡？

在日常操作中，除了根据版面图文大小和分布情况及印刷用纸的性质、油墨的性能等实际情况正确掌握外，还应特别注意以下几点：

（1）开机前，必须在干燥的水辊上均匀地加足水分。

（2）机器空转时，应立即停止供水供墨，避免因水大墨大而使水墨失去平衡。

（3）新换的水绒套要紧而平，并且要两端缝合牢固。上机前，首先要将水辊充分润湿，印刷时，还要将水分控制在最低程度。新换的水辊往往比老水辊含水量高，容易造成水分过大的故障。

(4)调墨时千万不要把油墨调得过稀。如果油墨过稀,其流动性偏大,黏度和内聚力自然降低,导致抗水性能下降易引起严重乳化,使墨迹在滚筒的压力下铺展扩大,严重时将产生糊版,影响产品质量。所以调墨油的用量最好控制在10%以下。

(5)在印刷过程中,油墨往往容易黏附在水辊表面,且越积越厚,面积越来越大。停机后,墨迹又会很快干燥固结,如不及时清除,就会造成上水不匀,使水墨失去平衡,且影响印版和水辊的使用寿命,因此应引起足够的重视。

(6)正确调整水辊、墨辊的压力是保证水墨平衡的先决条件。如果压力调节不当,往往会引起输水输墨不畅。

总之在印刷过程中,操作者必须坚持三勤操作,即勤检查印样并观察版面水分,勤掏墨斗内油墨,勤洗橡皮布和印版,把版面水分控制在最低限度(空白部分不挂脏),使水墨始终处于正常稳定状态,只有这样才能保证整个印刷过程质量的稳定和印刷工作的顺利进行。

8.印刷压力对印刷质量有什么影响?

印刷压力应当是以印品具有网点结实、图文清晰、色泽鲜艳和浓淡相适宜为前提,施加得越小越好。印刷压力的过大或者过小,都会导致印品质量的降低。而且印刷压力过大,所带来的弊病就会更多。

当印刷压力过大时,将会引起:图文线条失真,印迹扩大;油墨局部"过满",导致印品色调不协调;纸张拉毛;使印刷机的主要承压部件和传动部件产生较大变形,影响零部件的工作寿命;与正常的压力和摩擦条件相比,加速了印版的磨损;印迹的网点容易扩大;印品层次不清,并且橡皮布的耐用率受到影响;印刷压力大,会降低印版的耐印力;由于机器载荷增大,耗电量也会增大。

当印刷压力过小时,将会出现:印刷图文的转移不够完整;网点不实,色泽灰淡;使印版、包衬、纸张和印刷机等的原有缺陷和毛病更加显露。

9.印刷过程中如何控制印刷压力?

印刷压力的大小是可以调节的,其调节手段是:

(1)滚筒中心距调节法:通过调节两个滚筒之间的中心距离,来增加或者减少印刷压力,这是一种最常见和最主要的调节方法;

(2)包衬厚度调节法:通过增加或者减少滚筒包衬的厚度,来加大或减小印刷压力。要注意的是,轻易地增减橡皮滚筒包衬厚度,往往会引起滚筒直径的改变,从而造成圆周速度的不等,其结果必然导致网点变形和套印不准确,甚至会产生“墨杠”的现象。

10.如何测定印刷压力?

(1)面压力,单位为 kg/cm^2。它的优点是能反映接触压力的分布情况,但是在实际生产中较难以掌握与测定。

(2)线压力,单位为 kg/cm。单位长度的受力用线压力表示,是两滚筒接触加压的总压力,也就是作用在轴承上的压力除以滚筒的有效长度,即得到单位长度上的平均压力。这种方法有局限性,不能正确地表示接触区宽度上压力分布情况,并且测定和实际使用都很困难。

(3)印刷的压力常用“压缩量”来表示。压缩量就是两相压滚筒的半径之和,再加上垫纸等的厚度与两滚筒实际的中心距之差。

理想的印刷压力，目前也没有一个定量。并不是固定不变的概念，而是应该在有利于产品质量的前提下，根据各种客观的印刷条件来适当调整的，并且压印滚筒与橡皮滚筒之间压力大于印版滚筒与橡皮滚筒之间的压力。必须强调说明理想的印刷压力，就是在一定的印刷面压缩变形的情况下，使印版的图文部分的印迹在纸张上足够的结实，网点清晰完整的基础上面均匀地采用最小的压力。

11.怎样解决折页中出现的“八”字形皱褶？

产生“八”字形皱褶的主要原因是折页时书帖内的空气没被排除出去，如折页机输送辊或折页辊及顶规调整不当、手工折页操作不规范等都会造成书帖产生这个问题。解决方法如下：①正确调整折页机输送辊与折页辊的间距，使其平行不歪斜；②输送辊或折页辊与顶规（或挡规）必须平行和垂直；③折三折书帖或四折书帖必须在第二、三折上破口排除书贴内的空气；④破口刀的间距以能将空气排除掉且不散页为宜；⑤手工折页要按紧刮平，三、四折书帖均应在倒数第二折缝上割口排除空气。

12.折齐边误差超标的原因是什么？

①机器折页时栅栏式输页辊传送与挡规不垂直或歪斜；②刀式输纸传送歪斜或挡规调整不平行；③手工折页人为的拉边不齐或没按压、折后错位。

解决方法：①正确调整折页机的各规矩，使其达到理想状态；②手工折页要拉齐边按实不移动错位。

13.如何解决配页所出现的各种差错？

配页出现的多帖、少帖、错帖、串帖、串册等均属原则差错，有这些差错的产品是不允许出厂的，因为这些差错都会直接影响读者的阅读，并且直接影响加工厂的名誉和效益。

解决方法如下：①首先要建立严格的质量把关和检验制度；②严格控制折页工序的各种差错；③对贮帖人员要有严格的贮帖检查制，以保证贮帖的正确无误；④每个贮帖都应安装错帖装置，以控制贮错帖、串帖等差错。

14.骑马订的钉脚将书页扎破导致落页的原因是什么？

原因有三点：①书帖松暄；②测厚轮过松；③紧钩爪推板过高。

解决方法：①折后的书帖要捆标准；如堆积要达到四边整齐，保证书帖的平实整齐、书帖内少存空气；②将测厚轮略调紧，以使松暄书帖被压紧平实；③紧钩爪以调整到最高点为平行状即可。

15.无线胶订后掉页的原因有哪些？

①铣（拉）槽过浅、胶液没有渗透到最里面的页张；②折页时折缝跑空，导致最里面的页张没被铣着无法粘胶；③书帖没有撞齐；④纸毛或纸屑没去掉，将拉槽口堵塞；⑤没有区别书版纸与铜版纸的用胶不同；⑥没有掌握用胶的温度或胶质不佳；⑦书夹边有胶黏剂拉掉前后页张；⑧室内温度与湿度离要求过大等。

16.无线胶订书背不平的原因有哪些？

导致书背不平的主要原因有：①书背本身在上夹板时就不平齐（即没有碰撞整齐便上书夹了）；②托书板调整不当；③胶层涂抹过厚，或有二次释放的造成夹紧不得当；④夹书板夹书过紧而书芯又过于松暄、夹合出现书背变圆弧状；⑤下书时间过早而下书板又设计得不合理，书籍没定型便掉下被撞歪斜。

17.无线胶订后书芯断裂的原因有哪些？

导致书芯断裂的主要原因有：①胶黏剂（热熔胶）老化或轮番熔融不换新胶；②用胶不当或胶质不佳（松香过多而变脆）；③书芯所用纸张不同，使用的胶也应不同；④两种胶混合使用；⑤封面纸张过厚、书芯纸张过薄，面与芯薄厚悬殊，相互拉力不等造成封面封底与相邻书页断裂漏胶。

18.无线胶订后书背两端有孔眼的原因有哪些？

导致产生孔眼的原因主要有：①书背厚度上下不一致，造成夹书板夹书无法平行，涂胶时顶书无法均匀；②胶轮调整不当，涂胶后有钟乳石状，无法控制胶液塞满；③均胶辊没起作用；④下书板坡度过大、下书不平行。

19.无线胶订溢胶、拉丝和脏带的原因有哪些？

导致问题的原因有：①涂胶部分没有断胶装置；②封面长小于书芯长，造成一端露胶；③涂抹胶液过多过厚，夹紧后胶液溢出脏书脏带（弄脏传送带）。

20.精装书飘口不一致的原因是什么？如何解决？

导致精装书飘口大小不一的原因是：①书壳各料尺寸计算或裁切有误；②套壳不标准。

解决方法：①书壳各料应以标准规定进行计算和裁切；②精装书套壳时应以飘口三面一致和开本规格为准。

21.书刊裁切成品的过程中常出现的问题有哪些？

书刊裁切一般使用三面切书机，它具有裁切精度高、速度快、劳动强度低等优点。三面切书机装有三把切纸刀，其中侧刀两把，用于裁切书籍的天头和地脚；前刀一把，用来裁切书籍切口。工作时,先将要裁切的书叠放到夹书器的压书板下面,然后压书板自动将书夹紧,夹书器将书叠推到压纸器下面的裁切位置,紧跟着压书器下降,将书叠压住,夹书器退回原位。接着,左右侧刀同时下落,切齐书籍天头和地脚,侧刀切完上升时,前刀下落,裁切书籍切口,前刀切完后上升复位,切好的书叠由出书机构自动推至收书位置,完成一叠书籍的裁切。

(1)一叠书裁切后尺寸不一

导致尺寸不一的原因是切书压力过大或过小,应根据具体情况调整压力。

(2)斜角

切出的书角不呈90°,呈斜角。主要原因在于推书器的位置调节不当而引起,如推书器与两侧挡板不垂直。应根据实际情况进行调整。

(3)刀花

书本切口出现凹凸不平的刀痕,称为刀花。出现刀花的原因是切刀刀刃磨损或出现缺口。需要及时更换刀片或进行磨刀。

(4)破头

书背两端撕裂叫作破头,这是由于无划口或划口刀规矩不合适造成的,书背不干燥也可能造成破头。应调整划刀口,书背要干燥。

(5)书册歪斜

主要是后挡规不合适或侧规与后挡规调节不当引起的。应调整后挡规和侧规。

22.应如何规避折页不当造成的质量问题?

书刊折页的质量将直接影响书刊的成品质量,折页过程中应注意以下问题：

(1)页码顺序正确，无折反页、颠倒页，无双张，书刊正文版心外的空白边每页都要相等。

(2)书帖页码整齐，误差不超过±1 mm。

(3)为了检查折页的质量，折完的书帖外折缝中黑色折标要居中一致。配书帖后，折标在书背处形成阶梯状排列。

(4)破口刀要正确地划在折缝中间，破口要划透、划破，以不掉页为宜。

(5)书帖要保持清洁，无油迹、破损、折角，折叠要平服，无"八"字形褶皱现象。

23.应如何规避胶粘不当造成的质量问题？

上胶方法有手工刷胶法、辊涂法、喷涂法和热熔枪法。手工刷胶使用刷子将胶直接刷到书背上。这种方法上胶不均匀，易污染不应上胶部位。辊涂法是通过定量辊连续地直接将胶涂到书背表面，这种方法上胶均匀，上胶效果好，广泛应用于无线胶订设备中。喷涂法是将热熔胶在预热槽内熔化，用泵送到一个带阀门的喷嘴，调节喷嘴使热熔胶均匀快速喷出。这种方法适用于较大面积的黏合表面。热熔枪法是先将热熔胶制成棒状或颗粒状，使用时放入专用热熔枪内，通电加热，当温度上升到一定值时，即可施涂，把熔融的热熔胶挤到被黏合表面。

书背上胶操作要注意以下几点：

(1)预热

热熔胶需要预热到 170℃～180℃，才能开胶订机组。

(2)书背上胶

背胶的厚度一般控制在 0.6～2 mm 之间，胶层要均匀。背胶上得薄，影响黏结强度；上得厚，增加成本。背胶的长度应略短于封面规格尺寸 1～2 mm。过长易造成余胶堆积于机械传动部件，使之出现故障；过短则会造成书背空胶，影响书本质量。

（3）上侧胶

为了保证书本外观质量，书芯与封面之间要上侧胶，侧胶的宽度一般为 3～7mm，侧胶要求上得越薄、越均匀越好，这就要求热熔胶的流动性要好，温度必须控制在 180℃左右。切忌用背胶做侧胶用，不然会使书本封面上起杠线，影响书本质量。

24. 应如何规避骑马订不当造成的质量问题？

采用骑马订，书刊内文部分事先并不订合成书心，而是配上封面后再整本书刊一起订合、一起切齐。采用骑马订装的书刊成品，封面的面封、底封部分也与书心的纸页大小完全相同并且齐整，而书脊则既窄又呈圆弧形且明显露出订书所用的铁丝，所以不能印刷文字。

骑马订的装订周期短、成本较低，但是装订的牢固度较差，而且使用的铁丝难以穿透较厚的纸页。一般情况下，书页超过 32 页（64 面）的书刊，不适宜采用骑马钉装。

因骑马订的特点，每页的版心位置会有相对变化，称为爬移量，故拼版时应考虑爬移量对版心位置的影响，才能确保成书版心位置的相对一致。

在实践操作中，骑马订出现质量问题较多的是订位误差，现行的质量标准要求订位为外钉眼距书芯长上下各 1/4 处，允许误差±3.0mm；另外，骑马订常见问题还有坏钉、漏钉及重钉等，以及钉脚偏移，未在折缝线上。另外，由于骑马订装订的书芯和封面配帖方式比较特殊，故骑马订图书在裁切时，更容易破头，对裁切提出了更高的要求。

25.应如何规避精装书装订过程中的常见问题?

精装是一种书的装订形式,配有具保护性的硬壳封面(普遍采用硬纸板,外覆以织物、厚纸或小牛皮等皮革)。精装书是一种美观,易保存的图书、具有极高的收藏价值。它与平装书的差异主要体现在装订而不是印刷方面。

在精装书装订的实际操作中,容易出现的问题及解决方法如下。

(1)扒圆起脊后书背开裂

精装书书背用胶应选用动物类胶黏剂中的骨胶或合成树脂类胶黏剂,不能使用面粉糨糊等植物类胶黏剂,涂抹时应薄而均匀,胶量不宜过多、过厚,砸脊时用力要得当,要先轻后重,扒圆时应将书背胶润湿,不可干扒。

(2)烫印材料烫不上或烫后脱落

应根据被烫物质地正确选择烫印材料,正确调整烫印版温度,确定适当的烫印版厚度与烫印压力,如遇到烫印材料无黏结能力的情况时,应在被烫物的相应位置涂布助黏材料,以保证黏结的牢固。

(3)书壳烫印后糊版

根据烫印材料和被烫物质地,正确调整烫印版温度,选取最佳烫印压力,确定最佳烫印版厚度。

(4)飘口不达标

裁切各种材料的书封壳时,必须依照书芯开本尺寸,书芯实际厚度及造型进行,裁切尺寸一旦误差超标就不能再使用,组壳时应有规矩板框。

26.应如何规避烫印不当造成的常见问题?

烫印有金属箔烫印、电化铝箔烫印和粉箔烫印。目前大部分采用电化铝烫印。电化铝烫印是以电化铝箔通过热压转印到印刷品或其他物品表面上的特殊工艺,可以得到金色、银色等多种颜色的装饰效果。

电化铝烫印工艺可以分为先烫后印和先印后烫两种形式。大多数电化铝烫印是在印刷品上直接烫印,也有在 UV 上光油的表面烫印和在不干胶薄膜材料上烫印等。在 UV 上光油的表面烫印的工艺对 UV 上光油和电化铝箔的要求非常高,烫印时要保证两者良好附着,具有良好的烫印适性。在不干胶薄膜材料上烫印又分为在薄膜上直接烫印和在墨层表面上烫印,这种工艺要防止墨层或电化铝箔脱落及烫印不实等情况,所以要对薄膜表面进行处理,以保证烫印质量。电化铝烫印的主要步骤为电化铝箔裁切、装版和烫印。电化铝烫印的常见故障及排除方法见下表:

表 3—3 电化铝烫印的常见故障原因及排除方法

<table>
<tr><th>故障现象</th><th>可能产生的原因</th><th>排除方法</th></tr>
<tr><td rowspan="5">烫印产品发花、露底甚至烫印不上</td><td>烫印温度低</td><td>调高电热板温度</td></tr>
<tr><td>烫印压力轻</td><td>增大烫印压力</td></tr>
<tr><td>输送电化铝过轻或过重</td><td>调节电化铝输送的松紧程度</td></tr>
<tr><td>墨层晶化</td><td>承印物印刷后应尽快烫印;对墨层晶化表面进行除油、打毛处理</td></tr>
<tr><td>电化铝箔选用不当</td><td>换用其他型号的电化铝箔</td></tr>
<tr><td rowspan="2">糊版</td><td>烫印温度过高</td><td>调低电热板温度</td></tr>
<tr><td>电化铝安装松弛</td><td>调整压卷滚筒的压力及收卷滚筒的拉力</td></tr>
</table>

续表

故障现象	可能产生的原因	排除方法
烫印图文印迹不整齐	压力过大或轻重不匀	调整印版压力
	烫印温度过高	调低电热板温度
烫印图文印迹不完整	电化铝箔尺寸小或裁切不齐	改用尺寸大小合适的电化铝箔
	印版部分损坏或掉版	校正印版
	衬垫物移位或脱落	校正衬垫物
反拉	印刷品墨层未干透	将产品置于通风干燥处,推迟烫印
	浅色墨用了过量的白墨冲淡剂	用991#撤淡剂加3%白燥油罩印一遍再烫印

27.应如何规避覆膜不当造成的常见问题?

影响覆膜质量的因素较多,除纸张、墨层、薄膜、黏合剂等客观因素外,还受温度、压力、速度、胶量等主观因素影响。这些因素处理不善,就会产生各种覆膜质量问题。覆膜常见故障原因及处理方法见下表:

表3—4 覆膜常见故障原因及排除方法

故障	原因分析	排除方法
产品上有雪花	印刷品喷粉过多	适当增大上胶量,或在覆膜前扫去印刷品上的喷粉
	上胶量太小	适当增大涂胶量
	施压辊压力不合适	正确调整施压辊的压力
	涂胶辊上有干燥的胶皮	将涂胶辊擦干净
	施压辊上有胶圈	及时揩擦施压辊
	黏合剂中有杂质	应当特别注意环境卫生;黏合剂用不完应倒回胶桶内密封好,或在上胶前先过滤

续表

故障	原因分析	排除方法
覆膜产品有气泡	印刷墨层未干透	先热压一遍再上胶，也可以推迟覆膜日期，待油墨彻底干燥
	印刷墨层太厚	可适当增加黏合剂涂布量，增大压力及复合温度
	复合辊表面温度过高	采取风冷、关闭电热丝等措施，尽快降低复合辊温度
	覆膜干燥温度过高	适当降低干燥温度
	薄膜有皱褶或松弛现象、薄膜不均匀或卷边	调整张力大小，或更换合格薄膜
	黏合剂浓度高、黏度大或涂布不均匀、用量少	稀释剂降低黏合剂浓度，或适当提高涂覆量和均匀度
	施压辊压力太小	适当加大施压辊的压力
覆膜产品卷翘	印刷品过薄	尽量避免对薄纸进行覆膜加工
	张力不平衡	调整覆膜张力，使之达到平衡
	复合压力过大	适当减小复合压力
	温度过高	降低复合温度
	薄膜拉力过大	调节给膜张力，调整螺钉旋入深度，减小制动力
	收卷拉力太大	减小收卷动力轮的摩擦力
	环境湿度大	控制好车间湿度
	干燥时间短	延长干燥时间

续表

故障	原因分析	排除方法
产品黏结不牢	黏合剂选用不当，涂胶量设定不当，配比计量有误	重选黏合剂牌号和涂覆量，并准确配比
	印刷品表面状况不良	可用干布轻轻地擦去喷粉，或增加黏合剂涂布量、增大压力，以及采用热压一遍再上胶，或改用固体含量高的黏合剂，或增加黏合剂涂布厚度，或增加烘干道温度等办法解决
	黏合剂被油墨及纸张吸收，而造成涂覆量不足	可考虑重新设定配方和涂覆量
	上胶量太少	增大上胶量
	印刷品印刷面积大	加大黏合剂的固体含量和胶层厚度，提高覆膜的外界温度
搭边处黏结不实	刚出施压辊还未干燥的覆膜产品在搭边处被卷曲的纸张顶开，造成此处黏结不实	应尽量减小搭边宽度，以保证黏结不实的宽度在模切叨口范围内
覆膜产品出现皱褶	薄膜传送辊不平衡、薄膜两端松紧不一致呈波浪边、胶层过厚或是电热辊与橡胶辊两端不平、压力不一致、线速度不等	分别采取调整传送辊至平衡状态、更换薄膜、调整涂胶量并提高烘干道温度、调整电热辊与橡胶辊的位置及工艺参数等措施

第四部分
数字印刷

一、数字印刷简介

1.什么是数字印刷?

数字印刷就是将数字化的图文信息直接记录到承印材料上的过程,是有别于传统印刷烦琐的工艺过程的一种全新印刷方式。也就是说输入的是图文信息数字流,而输出的也是图文信息数字流,它是在打印技术基础上发展起来的一种综合技术,以电子文本为载体,通过网络将数据传递给数字印刷设备,实现直接印刷。印刷生产流程中无印版和信息可变是其最大特征,涵盖印刷、电子、计算机、网络、通信等多种技术领域。

2.数字印刷与传统印刷的区别是什么?

传统印刷流程:设计→审稿→出片→晒版→打样→审验→晒板→印刷→成品。

数字印刷流程：设计→审稿→印刷→成品。

数字印刷与传统印刷相比，省去了制版过程，将原稿输入、图像处理、文字处理、设计制作、分色加网、打样输出等印前工艺全部结合在一起。在数字印刷中，输入的是图文信息数字流，而输出的也是图文信息数字流。相较于传统印刷模式的彩色桌面出版系统（DTP）来说，只是输出的方式不一样，传统印刷是将图文信息输出记录到胶片上，而数字印刷则是将数字化的图文信息直接记录到承印材料上。

3.与传统印刷相比数字印刷的优势是什么？

（1）方便快捷

数字印刷因为省去了出片、拼版及晒版等烦琐的工序，在少量印刷及急件印刷上有着绝对的优势。所有的排版、设计软件和办公应用软件生成的电子文档，均可直接输出至数字印刷机。

（2）灵活高效

数字印刷的全面数字化，能为客户提供更灵活的印刷方式，即边印边改，边改边印，今天印 50 份，明天印 100 份，用多少印多少，真正实现零库存。这种灵活快速的印刷方式，增强了客户在分秒必争的竞争环境中的优势。

（3）无须起印量

享受高品质印刷品，不用受起印量的限制，一份也可以印。数字印刷完全可以满足一张起印、立等可取的要求。

4.数字印刷的主要特点是什么？

数字印刷是通过数字信号直接控制呈色剂在承印物上附着的位置和强度，从本质上来说属于一种无版、信息可变的印刷方法。因此数字印刷具有无版、无压和非接触的特点。无版，即无须制版，不需要任何中介的模拟过程或载体的介入，省去了相应设备、耗材、人力以及其他成本的投入；无压，是指可以在不同材质、机械强度的介质上成像；非接触是指喷墨和承印物之间处于不接触的状态，这使数字印刷（特别是基于喷墨成像的数字印刷系统）可以在不同厚度的平面介质甚至曲面介质上成像，可以在不同幅面的介质上成像。

以上特点决定了数字印刷技术具有信息可变、个性化生产能力，适合于按需印刷生产和服务。由于数字印刷没有制版及相关成本的投入，最终印品无须分担相关成本，因此数字印刷在短版尤其在极短版市场具有价格优势。

5.数字印刷的主要局限是什么？

（1）适合个性化、按需印刷的数量较少的印刷及图文多变的印品的印刷，不适应大量印刷。

（2）不能满足精细印刷品对质量的要求。

（3）数字印刷机的印刷幅面目前以 A4、A3、A2 为主，最大为 A1。

（4）数字印刷设备及配套设备、耗材价格高。

（5）在皱折纸上印刷会产生裂痕。

（6）大面积满版印刷时效果不太理想。

（7）受限于可接受的 PostScript 档案格式。

（8）印纹微凸，亦有文字边缘呈锯齿形状。

6.数字印刷对图书出版的意义是什么？

目前受大环境的影响，图书的品种越来越多，每种书的印量却越来越小，某些畅销书的加印量也达不到传统印刷的起印量，加之网络和电子载体图书迅速发展，单品种纸载体图书正在逐步减少出版印刷量。此时，按需出版应运而生，它的技术基础，正是数字印刷所能提供的按需印刷。按需印刷是指按照不同时间、地点、数量、内容的需求，通过数字印刷技术获得的个性化、短版化、高效率的印刷品。由此可见，图书的小批量订制在数字印刷的基础上可以得以完全实现。

对于出版社而言，传统的出版模式是先生产后销售，而按需出版首先改变了图书的流通模式，可以实现先销售后生产。也就是说，出版社可以先在社会上进行征订，然后再按照征订数向印刷厂下生产订单，这样可以减少库存积压和资金的冒险投入，更充分的把握市场。有利于实现内容效益最大化，在一定程度上解决了图书出版行业存在的痼疾——库存、退货及货款结算等风险。

再者，按需出版对于著作权人而言，彻底打破了图书的“最低印数”的限制，并可以使图书永不脱销和断版，让更多的读者了解并获得所需求的图书。

7.数字印刷对于企业商务的意义是什么？

（1）一张起印

现在已经进入信息时代，各种商务活动中，不论是商务文件还是企业的宣传品，都要求其信息内容准确、新颖，而用传统印刷方式所印刷的宣传品，大都因为“起印量”的限制，不得不印几千份，单张成本虽然便宜，但很多的企业还没等用到一半甚至才用几十张，印刷的内容和信息就发生了改变，不用觉得浪费，用笔改一改再用，又觉得有损企业形象，以至于很多企业只有把崭新成堆的印刷品当废纸来处理，最后实际上是“印起来便宜用起来贵”。

当有了数字印刷，企业在印制宣传用品时，就可以按需要的用量进行印刷，因为数字印刷的特点之一，就是一张起印，对于企业而言，这是减少不必要浪费的最佳印刷途径。

(2)立等可取

数字印刷由于无须传统胶印的繁杂工序，只需带上电脑文件，或者是网上传送，明天开会、投标或是商务谈判，今天晚上最后定稿都为时不晚。

(3)内容可变

数字印刷可以印刷出每张不一样的个性化内容，如张张人名不一样的请柬、印有客户名称的直邮信件、可变条码的印刷等等，这都是传统印刷根本无法实现的。

8.数字印刷在印刷加工方面具有什么显著特点？

数字印刷机是数字印刷过程中的一个核心硬件，负责将数字页面高速转换成所需的印刷品，在印刷过程中不需要印版和压力，直接通过计算机控制数字印刷机。目前，数字印刷机成像技术主要有静电照相成像技术、喷墨成像技术、电凝聚成像技术、磁成像技术、离子成像技术、热升华及转移成像技术等 6 种方法，其中静电照相(激光成像、干粉显影)和喷墨成像是数字印刷的主要成像方式。

二、数字印刷的现状和发展趋势

1.数字印刷的定位是什么？

数字印刷的印刷速度快，质量高。另外，数字印刷对于印量完全没有要求，单张的成本固定，这些使得数字印刷机的投资低、回报高。数字印刷虽然出现较晚，但是它的技术已经基本成熟，它的应用空间也在逐渐地扩大。

从市场的实际应用情况，数字印刷应清晰地定位在快速短版、按需、个性化、可变数据等印刷领域。

(1)个性化礼品市场

国内礼品市场规模大，在礼品上印上自己的照片或者喜欢的图片、图标、文字，已经成为礼品流行趋势，摆脱礼品千篇一律的面孔，更能体现礼品的价值和送礼者独具匠心。

(2)家庭装修及家具市场

国内家庭装修市场达数百亿，家庭个性化的装修也正在悄然流行。用户按照自己喜好的家居风格，在装饰画、瓷砖、家具、地板上印制自己喜欢的照片或者图像，用自己喜爱的风格装饰自己的家，营造真正属于自己的个性空间。

(3)个性化用品市场

时下流行的手机和数码产品市场的用户中相当一部分是年轻时尚的群体，在这些产品上印制自己的标志是彰显个性的最好体现。一些随身携带的物品，如化妆镜、打火机、钱包、背包等也是这些用户体现自我个性的很好方式。

(4)个性化影像消费品市场

数码影像飞速发展，人们已经不再局限在把自己的照片印在相纸上。万能数码印制系统可以将任何图像印在水晶、玻璃、压克力、金属、陶瓷、油画布等等各种材质上。不同材质上印制的产品效果和给人的感觉是不一样的，人们可以将自己的照片印制在不同的材质上，丰富了照片的表现形式和效果。

(5)流行文化周边产品市场

万能数码印制系统还可以根据当前流行趋势，方便地将当前流行一些电影、动漫、HIP－HOP 等图片或流行元素印制在一些物品上。

(6)广告及标牌市场

高质量、高价格、中小批量广告及标牌制作，如各种金属会员卡、考勤卡、胸牌、挂牌、授权牌等全彩色印制，这是传统印刷技术难以达到的。

(7)专业打样

一次成型，无须制版，部分材料可反复使用，成本低；电脑直接排版、修改、制作，操作简单，效率高，大幅降低成本。

(8)专业高质小批量印刷

直接印刷，无须制版出片，绝非转印和贴膜，图像质量高，色彩定位准确；可打印介质丰富，客户群广。

2.目前数字印刷发展中存在哪些认识误区？

数字印刷发展迅速，但是在从业者当中却存在着不少认识上的误区。

误区一：数字印刷成本高。

成本通常由三要素组成：折旧、材料、人工。但是数字印刷系统的高度自动化，将在一定程度上减少人工费用的开支；设备的折旧，由购买设备时的投资所决定；材料成本，以墨粉式介质为例，数字印刷机多是鼓粉分离的，而多数设备鼓的寿命都在几十万张以上，粉的价格也随着应用的扩大而逐步降低；相对传统胶印，数字印刷无须制版，所以将省去制版费用。值得一提的是，随着用户的增多、技术的成熟，数字印刷机的整体价格水平已有所下降。这也使得数字印刷的成本得到控制，促使更多客户去接受数字印刷。

误区二：数字印刷产品不能长期保存。

首先，大家可以自己做一下实验，看看不同类型数字印刷机印刷出的印品保存时间的差异。将采用传统油墨、电子油墨、墨粉印刷的印品放在日光下，几天后你会发现数字印刷机印刷的印品比传统油墨的印品颜色耐久性更好。

其次，传统激光打印机的印张和复印机印品保存时间不是很长，不少人认为数字印刷机的印品也是如此。然而实际情况并非如此，以干式碳粉为例，随着数字印刷机的加网线数不断提高，数字印刷机使用的碳粉比传统复印机和激光打印机使用的颗粒更细，在高温熔化过程中，碳粉能像墨滴一样溶在纸张的缝隙之中。

误区三：数字印刷机就是简单的数字化过程。

由于数字印刷过程是通过计算机控制将信息直接印刷或打印到纸张上，所以要求数字印刷机应具备拼版、校正、装订等全过程的自动化功能。因此系统的软件功能至关重要。

误区四：数字印刷机的印刷质量不高。

尽管由于机械结构、使用耗材不一样而导致数字印刷的质量暂时还不能和传统印刷完全看齐，但是总体来说，随着成像系统的不断改进、成像精度和输出分辨率的提高、介质宽容度的增强，各厂商推出的数字印刷机已能满足高档印刷的需求，并且还在向更高质量方向发展。尤其是多色数字印刷系统越来越多，可同时印刷四色甚至六色，专色印刷也能够满足。

3.数字印刷在中国的发展存在什么问题？

(1)数字印刷地域发展不平衡

我国的经济发展水平在地域上存在着不平衡，数字印刷的分布也存在着较大差异，在上海、北京、广州、深圳等地发展迅速，在其他城市和地区则相对落后，有的地区甚至是一片空白。

从目前的应用情况来看，北京、上海、广州、深圳等重点城市，数字印刷大显身手。这些城市正在向国际化大都市转型，集中了国内外许多大中型公司，人们观念较新，接受新事物更加容易，对个性化印刷品、按需印刷的需求正在迅速增长。值得注意的是，当数字印刷在重点城市取得市场突破后，必将随着贸易互动与人才流动，向其他城市进军。

(2)数字印刷行业发展不平衡

数字印刷的用户群可以分为工作型与经营型两种，使用数字印刷机来完成日常工作中繁重的打印任务的银行、电信、邮政系统等行业用户都属于工作型用户；而对于经营型用户群，数字印刷设备是赖以谋生发展的工具，如图文中心、商务打印中心等，这一市场刚刚起步，有待规范，总的说来经营型的数字印刷企业，还缺乏足够的财力资源、行业知识和管理技巧，还需要进一步发展。

(3)数字印刷发展水平相对落后

印前处理技术水平不高，从业人员的素质不高，专业人员少。同时可变数据软件、数据库技术以及与数字印刷相配套的印后加工技术和设备还不能全面满足数字印刷的需要，尤其是印后加工，大部分都采用半自动化手工操作，以至于很难出精品。随着技术的不断提高，这个差距在逐渐缩小。

4.在中国影响数字印刷发展的因素有哪些？

(1) 市场定位不清

有许多数字印刷经营者，把经营重点放到与传统印刷竞争短版订单。固定图文的短版印刷市场上，国内小胶印机的价格和人工费用都很低，传统印刷与数字印刷的平衡点比国际惯行的1000份更低,甚至500份以下使用数字印刷机印刷才是经济的,因此这样的定位不能发挥数字印刷可变、快捷的优势。

(2)印刷质量还有一定差距

由于数字印刷机目前所使用的墨粉及液体油墨与印刷油墨所表现的色域并不相同,再加之数字印刷机的结构等原因,对于有些客户来说,数字印刷的印刷色彩过于鲜亮,同时清晰度,暗调和高光处的细节表现能力不如传统印刷,在专色复制方面,传统印刷要优于数字印刷。另外,由于墨粉,液体油墨对介质有特殊要求,因此数字印刷的承印物范围比传统印刷相对要窄。但是随着技术的进步与发展,印刷质量的差距正在明显地缩小。

(3)价格,特别是耗材价格偏高。

(3)数字印刷技术与可变数据处理软件及数据库的结合开发还有待拓展。

(4)从业人员的技术水平还比较低。

(5)数字化工作流程的建设还有欠缺。

5.数字印刷的发展趋势是什么?

数字印刷是印刷技术数字化和网络化发展的一个新生事物,也是当今印刷技术发展的一个焦点,数字印刷行业与互联网不仅是在技术上的结合,更是在经营和商业模式上的融合。随着移动互联网的普及,人们对图书等出版物的消费模式发生了很大转变,从长远来看,零库存是出版商所追求的理想出版模式,它不仅能降低库存压力,也能帮助出版商实现定制化服务。在这样的背景下,数字印刷将会给出版印刷行业带来更多的机遇和希望,使得出版业走向更加辉煌的道路。

开拓高端印刷多元化与个性化发展。在未来的发展中,客户的需求将逐渐占据主导地位，决定了印刷从业者必须充分了解客户需求与市场变化，搜集尽可能多的商业信息，印刷技术的创新必须以市场需求为导向。现代社会对于印刷品的需求已经具有多元化、个性化、批量灵活性等特点，而这些正好与数字印刷技术的优势相契合，这是行业面临的重要机遇，同时也对技术水平和创新能力提出了挑战。这对于改变国内市场结构、扩展业务深度具有重要意义。

致力按需印刷，用户使用体验受重视。互联网技术将不断发展，按需印刷技术与传统出版业进一步融合已成必然趋势。按需印刷兼具传统出版及电子出版二者的特征，对处于转型期的出版业和消费者来说，按需印刷比电子图书更容易被人们所接受，也为传统印刷企业向完全电子化转型提供了缓冲期。因此，未来相当长的时间内，按需印刷都将作为多元化出版与信息服务的一部分而存在。

目前，国内的出版社、印刷厂都在关注数字印刷技术对书刊出版、印刷的影响，因我国书刊库存居高不下，按需出版印刷将是出版社今后的必由之路。用户的使用体验将超越原有产品的品质和周期的需求，快速、便捷、高效、舒适的用户体验将成为未来数字印刷的重要服务目标。企业可根据自身配备的设备开展市场个性化印刷业务，推出创新产品，多地印刷企业可以形成印刷联盟，搭建电商平台，实现即时数据传输，就近印刷产品，省内或同城物流，达成零库存，完全实现按需出版。

6.数字印刷设备的发展方向是什么？

全球各主要印刷设备制造商，都争相发展数字印刷机，其发展方向主要是：

（1）印刷幅面逐步增大。数字印刷印版图文在印刷机上直接形成，制版效率直接影响数字印刷机的效率和印刷幅面。为了提高数字印刷的幅面和印刷速度，扩大数字印刷机的应用范围，不少厂商都在设法提高制版速度，加大印刷幅面，A1 幅面数字印刷机已经进入市场。

（2）提高质量，提高效率，不断完善。针对数字印刷目前印刷质量不尽人意和效率较低的问题，不断改进和完善。

（3）数字印刷是印刷的重要发展方向之一。各种数字印刷机，不论是不变图文印刷、可变图文印刷，还是不变和可变图文印刷，各有其适合的市场需求，且将在较长的时期内并存。

总体来说，各种数字印刷技术，目前仍然处于萌芽期或成长期，经过实践的检验，有的将继续发展，走向成熟期，有的将逐步消亡。至于哪种数字印刷技术会成为发展方向和主流，目前还难以下结论，只能由实践去检验和决定。业内一般认为，既适合小批量又适合大量印刷的数字胶印机，应该是印版图文可记录又可擦去的新的数字胶印机。数字胶印机将是数字印刷机的重要发展方向之一。

三、数字印刷对材料和企业的要求

1.哪些纸张不适合用于数字印刷？

（1）导电纸张

传导性较好的纸，如铝箔衬纸，绝对不适用于数字印刷系统。有铝箔的地方会产生电弧现象（不导电部分或空气意外地充电现象）而导致机器的损坏和较差的印刷质量。高水分含量或高盐分含量的纸张也是由于传导性太强不能使油墨有效迁移，有可能导致图像低色密度和少网点。当使用传导性的油墨预印时，传导性问题也会发生。传导性油墨含有炭黑或金属粉末，炭黑或金属粉末能与纸张作用，使纸张具有为适当调色剂迁移保持充足电荷的能力。

(2)含有滑石粉的纸张

滑石粉有时用于控制纸张中树脂（木材中含有的有机混合物，如果不从纸浆中抽提出来，这些有机物能够积聚并且会造成造纸机的抄造问题）的影响。然而，含有滑石粉的纸张，即使含量很少，也会在数字印刷机上造成严重的问题。印刷时，这些纸张会脱落滑石粉颗粒，导致纸张与进纸传送带之间的摩擦。在小型印刷机上，经过少量印刷就有可能发生频繁的进纸阻塞。在大型印刷机上，这种影响则很难分析。

滑石粉引发的问题的一些特征：①增加进纸器、进纸间歇站、记录口和传输区域阻塞及进纸错位的概率。②脱落的滑石粉粒子造成印刷品背景上的污点。③即使是在装备很好的实验室，滑石粉问题也很难确切地判断。通过使用专门为数字印刷而优选的纸张有可能避免与滑石粉相关的故障。

(3)含有蜡、硬脂酸盐或增塑剂的纸张

纸张中含有的蜡、硬脂酸盐（有润滑和稳定作用的一种白色粉末）和增塑剂能够造成纸张传送问题，因为它们减小了纸张和进纸传送带之间表面摩擦力。这些物质也会使数字印刷机感光器上存在污点，从而造成印刷品质量的缺陷。在很多种纸张中都能发现硬脂酸和增塑剂，如压光纸，一些牛皮纸和涂布纸。然而，这些种类的纸张可以是数字印刷优选的类型，经过优化后它们能够安全地通过数字印刷机。

2.数字印刷用纸在储存和运输过程中有什么特殊要求?

即使为数字印刷经过专门优化设计的纸张,如果没有适当保护的措施,也会在数字印刷中产生问题。正确的运输和储存对于保护纸张性能是必要的。

纸张一般要求用纸箱包装,如果订货量很大,则要用木制货盘运输。对这些货盘和纸箱应该小心操作,防止它们被扔、推、跌落、撞击而损坏。

纸张的储存地点也很重要。纸箱绝对不应当直接放在地板上,这可能会受潮。纸张应当存放在货架、货盘上,避免纸张边缘的变形或导致的其他破坏。

对大多数纸张来说,夏季的炎热天气是一个实际的考验。纸张存放和印刷操作的最佳温度是20℃～25℃,相对湿度为35%～55%。湿度的增大会导致纸张形成波浪形边缘,当空气湿度大幅度降低时,纸张边缘就会蒸发出水气而收缩"绷紧"。这些都会导致印刷过程中出现阻塞、记录错误以及皱褶。

市场上可供选择的纸张各式各样,选择时要考虑到它的特性,如尺寸、定量、是否涂布等。如果想避免麻烦的话就直接选择数字印刷专用纸。

3.数字印刷的油墨有哪些类别?

数字印刷设备在印刷质量、速度及承印物范围上的提高,离不开数字印刷材料,特别是数字油墨、墨粉的发展。随着数字印刷市场竞争的日益激烈,数字印刷设备供应商纷纷加大了对新油墨、墨粉的研发投入。除了水基油墨继续保持着一贯以来的优势,并且耐用性加强之外,溶剂型油墨、生态油墨、热升华油墨、UV油墨等多种电子油墨的发展使得可供选择的油墨呈现多样化发展态势。而墨粉在喷墨印刷上的创新应用，也给我们带来了关于喷墨印刷未来的更多想象空间。

(1)水基油墨

随着人们环保意识的日益提高，水基油墨的使用也越来越广泛。水基油墨可以复制的色域几乎是所有油墨系统中最大的，因而水基油墨在色彩表现上具有天然的优势。但是由于水基油墨一般都基于染料和颜料配方，故其使用寿命在数日到一个月之间，并且需要与专门的涂布喷墨承印物配合使用，这就制约了水基油墨的推广。

(2)墨粉

通常墨粉都用在用静电感光成像的数字印刷机上，而奥西公司的 CrystalPoint 工艺墨粉却创新了墨粉的应用途径。该工艺采用了微球墨粉，这种墨粉可以转化成胶状，成墨粉胶之后再以喷墨的方式精确地打印到纸面上，并且打印的效果为半光，图像遇水不会发生变化。由于墨粉在打印过程中并没有溶解，所以 CrystalPoint 工艺能获得高精度的细节再现，而且在锐利的边缘不会出现因为墨水铺展而产生的羽化现象。

(3)UV 固化油墨

施乐公司正在研发的专门用于数字印刷机的凝胶固化油墨将可以用于金属薄片、表面平滑的塑料以及硬纸板的印刷，适用的介质范围非常广泛。这种凝胶固化油墨的黏稠性类似花生酱，被加热后成为犹如车用机油般的液体。在加热状态下，液状油墨通过喷墨的方式从打印头挤出，转移到金属薄片、塑料等承印物的表面，待冷却后再次恢复花生酱般的黏稠性，通过 UV 光固设备，使油墨固化干燥。

4.开展数字印刷，传统印刷企业应当怎样再造生产加工流程？

随着计算机技术和网络技术的发展，传统印刷企业的印前生产已进入数字化生产模式，彩色桌面出版系统已成为印前部门的主要生产工具。而数字印刷机的引入，对生产加工流程又提出了新要求，主要体现在以下几个方面。

（1）色彩管理

采用数字印刷后，印刷成本相对较高，颜色可控性要求也相对提高，这就要求传统印刷企业的数字化工作流程在文件规范检查的基础上具备统一的色彩管理功能，能够针对不同纸张、不同数字印刷机进行精细化的色彩管理。

（2）自动拼版

数字印刷品大多量少、种类繁多，如果仍然采用传统拼版方式，难免会影响生产效率，因此，数字化工作流程应具备自动拼版功能，这样只要在数字化工作流程中设置好批量文件的处理方式，其就会根据要求把批量文件自动拼成可供数字印刷机识别的拼版文件。

（3）自动拆分拼版文件

对于传统印刷品，有时需要采用数字印刷机进行打样或补版，而原有的拼版文件并不适合数字印刷机印刷，这时就需要重新制作符合数字印刷机的拼版文件，十分烦琐。因此，数字化工作流程应该具备可将原有数字化工作流程生成的拼版文件拆分重组成数字印刷机可识别的拼版文件的功能。

（4）支持 JDF/JMF 标准

目前，多数数字印刷机支持 JDF/JMF 标准，为了实现生产流程的自动化，数字化工作流程也应支持开放的 JDF/JMF 标准，以便直接将处理完的文件发送到数字印刷机上进行印刷。

(5)整合 ERP

为了提高数字印刷的生产效率，更直观地监控产品的生产状态，数字化工作流程应能够与 ERP 系统良好整合，否则，当文件进入数字化工作流程后，ERP 系统不能实时监控文件的处理进度，就会影响生产调度。目前，市场上大部分 ERP 系统都无法与数字化工作流程实现实时通信，这就需要相关供应商统一标准。

5.开展数字印刷，要求传统印刷企业在运营、营销模式上进行怎样的改变？

过去印刷服务供应商一直被认为仅仅是传播链上的一个环节，只在生产最终文本、宣传册或直邮产品的时候才起作用，而且他们还必须和客户的采购部门或其广告代理公司打交道。

如今的营销人员必须面对的问题包括如何更有效地细分市场，如何用有效的活动来吸引新顾客，如何根据每一个特定渠道的要求，全面利用资源来支持多分销渠道，如何捕捉交叉营销和向上营销的机遇，以及如何将顾客的终生价值最大化。

这些问题都是印刷服务供应商所不能忽略的。他们必须从印刷服务供应商转变为通讯服务供应商或营销服务供应商。

写真集制作就是个典型的例子。消费者对数字成像与日俱增的信心使数字印刷相簿变得越来越流行。原来人们喜欢保存电子照片的习惯正在逐渐改变，而且随着为消费者提供高度个性化产品的联网 24×7 全天候印刷服务的推出，这种变化还将继续加深。一本相簿可以成为一本真正的照片故事书或一本私人独享的书；寄送问候卡或派对邀请函也可以让终端消费者从头到尾自己操作。

当印刷供应商转变成 24×7 全天候的通讯服务供应商后，下一步挑战就是如何与客户建立紧密的匹配关系。

要做到这一点他们首先必须清楚知道：市场已经成熟，要进入跨媒体营销领域时不我待。多种市场趋势都证明了这点：消费者需要更多的沟通方式，营销人士必须为其产品找到能够提高市场表现力的正确方案，因此他们必须介入跨媒体领域，积极寻找可以帮助他们提高营销效率与投资回报的技术和合作伙伴。当印刷服务供应商完全转变为营销服务供应商后，他们便有能力提供相应的解决方案了。

以正确的文本形式提供正确的信息（内容匹配），传递给正确的人（联系匹配），以正确的格式发送至正确的设备（渠道匹配），在正确的时间内满足客户的需求（时间匹配）。为了实现这种高度匹配，印刷商必须利用先进的基础设施（技术、销售、咨询能力）来开发高效的通讯解决方案。

总的说来，技术进步和市场意识满足了不断增长的客制化需求。数字色彩技术在速度和质量上的进步，以及自动化和在线技术的加速运用都促进了应用软件的发展。同时随着客制化通讯的价值和市场意识的提升，数字彩印的成本则在不断下降。最后一点，有针对性的、高匹配的跨媒体营销方式正在逐渐抢占市场。

身兼营销服务供应商的印刷商必须通过提供有针对性的、高匹配的、可量化的产品和服务来满足客户的需求。他们通过提供高价值的产品和服务来使自己脱颖而出；他们利用客制化通讯服务来创造新的盈利机遇，与此同时客制化通讯也能推动数字印刷量的提升。

印刷与数字通讯的融合是大势所趋，只有顺应趋势才能取得成功。

6.数字印刷的客户群有哪些？

(1)直接客户

直接客户是快印产品的直接用户，他们是无须赚取差价或其他利益的机构，主要包括企业、学校及培训机构、政府机构、研究所、科研单位、律师事务所、商标事务所、行业协会、有需求的各类公司、设计院、个人个性出书及个人影像客户。这类客户的特点包括价格敏感度低、合作周期长、结款信用较好，但手续相对复杂多元、开发难度大、对服务要求高，往往希望能提供设计、印刷、送货全程服务，除工业型企业产品外，订单间隔周期长。

(2)中介机构

是指通过承接快印业务间接赚取差价或其他利益的机构，主要包括广告公司、展览公司、会务公司、印刷厂(小批量印刷订单外包)、菲林输出公司、小型图文快印店、喷绘公司、私人抄单公司等，这类客户价格敏感度高、结款手续较简单，但拖款较严重、开发较容易，但不稳定、对品质要求高、订单较多，订单间隔周期短、产品类型广。

第五部分 绿色印刷

一、绿色印刷概述

1.什么是绿色印刷?

绿色印刷是指采用环保材料和工艺,印刷过程中产生污染少、节约资源和能源,印刷品废弃后易于回收再利用再循环、可自然降解、对生态环境影响小的印刷方式。绿色印刷要求与环境协调,包括环保印刷材料的使用、清洁的印刷生产过程、印刷品对用户的安全性,以及印刷品回收处理及可循环利用。即印刷品从原材料选择、生产、使用、回收等整个生命周期均应符合环保要求。

2.绿色印刷有哪些内涵?

绿色印刷包含“环境友好”与“健康有益”两个核心内涵,它强调在顾及当代人的同时也要兼顾下一代人的生存发展。绿色印刷的产业链主要包括绿色印刷材料、印刷图文设计、绿色制版工艺、绿色印刷工艺、绿色印后加工工艺、环保型印刷设备、印刷品废弃物回收与再生等。通过绿色印刷的实施，可使包括材料、加工、应用和消费在内的整个供应链系统步入良性循环状态。绿色印刷要求企业近期利益与国家的长远利益相结合，绿色效益与经济效益接轨，并以实现绿色环保事业与市场经济双赢为目标。不仅体现可持续发展理念，以人为本、先进科技水平，也是实现节能减排与低碳经济的重要手段。

3.什么是绿色印刷标识？

绿色印刷标识本质上就是中国环境标志，是一种贴在或印刷在产品或产品的包装上的图形，是产品的证明性商标。中国环境标志图形由中心的青山、绿水、太阳及周围的十个圆环组成，又称“十环标志”。有中国环境标志的产品表明该产品在生产、使用及处理过程中符合环境保护的要求，与同类产品相比，具有低毒少害、节约资源等环境优势。

图 5—1　中国环境标志

4.绿色印刷有哪些特征？

一般而言，绿色印刷有以下基本特征：

(1)减量与适度

绿色印刷在满足信息识别与保护、方便销售等条件下，应是用量最少、工艺最简化的适度印刷。

(2)无毒与无害

印刷材料中不应含有有毒物质或有毒物质的含量应控制在有关标准以下,总之,印刷产品对人体和生物应是无毒与无害的。

(3)无污染与无公害

在印刷产品的整个生命周期中,均不应对人体及环境产生污染或造成公害。

5.实施绿色印刷要达到怎样的目的?

制定和完善绿色环保印刷标准,开展绿色印刷产品认证,通过在印刷行业实施绿色印刷战略,建立绿色印刷环保体系,印刷产品的环保指标达到国际先进水平,淘汰一批落后的印刷工艺、技术和产能。促进印刷行业实现节能减排。引导我国印刷产业加快转型和升级。

二、实施绿色印刷

1.绿色印刷的范围有哪些?

实施绿色印刷的范围包括印刷的生产设备、原辅材料、生产过程以及出版物、包装装潢等印刷品,它涉及印刷产品生产的全过程。

实施绿色印刷的生产设备涵盖平版印刷、凸版印刷、凹版印刷、孔版印刷、数字印刷等印刷工艺所涉及的印刷生产设备。

2.实施绿色印刷需要具备哪些条件?

绿色印刷标准体系包含绿色印刷产品技术标准和绿色印刷

企业标准的建设，因此企业要依据环境标志产品保障措施指南，建立、完善一套与产品和生产过程相关的技术文件。文件主要包括组织机构、明确职责、管理目标，符合绿色印刷产品的技术要求。同时企业排放的废水、废气、噪声必须在当地环保规定的标准内，生产过程不得污染环境。文件旨在满足绿色印刷认证标准规范要求。

总之，认证是推动标准实施的重要工具，标准是实施绿色印刷的重要依据和评价体系，而检测方法是标准中对企业以及产品进行有效评价的根本。因此，企业应按绿色印刷标准建立绿色印刷保障措施，以证明有持续实施能力，并满足认证审核。

3.我国推动绿色印刷经历了哪几个阶段？

新闻出版总署和环境保护部联合发出《关于实施绿色印刷的公告》部署了“十二五”期间实施绿色印刷的工作进程。确立了我国“十二五”期间实施绿色印刷的阶段性目标，并将其分为三个阶段。

(1)启动试点阶段

2011年，在印刷全行业动员和部署绿色印刷工作，大力宣传、学习绿色印刷标准，使广大从业人员了解并掌握绿色印刷的基本要求。率先在中小学教科书上进行绿色印刷试点，鼓励骨干印刷企业积极申请绿色印刷认证。

(2)深化拓展阶段

2012～2013年，在印刷全行业构筑绿色印刷框架。陆续制定和发布相关绿色印刷标准，逐步在票据票证、食品药品包装等领域推广绿色印刷，建立绿色印刷示范企业，出台绿色印刷的相关扶持政策；基本实现中小学教科书绿色印刷全面覆盖，加快推进绿色印刷政府采购。

(3)全面推进阶段

2014～2015年,在印刷全行业建立绿色印刷体系,完成绿色印刷标准的制定、发布工作。力争使绿色印刷企业的数量占到我国印刷企业总数的30%;淘汰一批落后的印刷工艺、技术和产能,促进印刷行业实现节能减排,引导我国印刷产业加快转型和升级。

4.绿色印刷认证的主要途径是什么?

实施绿色印刷认证,实质上是对产品从设计、生产、应用到废弃处置全过程的环境行为进行控制。实施绿色印刷工作的重要途径是在印刷行业开展绿色印刷环境标志认证(简称绿色印刷认证)。

绿色印刷认证按照“公平、公正和公开”的原则进行,在自愿的原则下,鼓励具备条件的印刷企业申请绿色印刷认证。它由国家指定的机构依据标准及有关规定,对产品的环境性能及产生过程进行确认,并以标志图形(证明性商标)的形式告知消费者哪些产品低毒少害、节约资源,符合环境保护要求,哪些产品对生态环境更为有利。

5.绿色印刷认证有哪些内容?

绿色印刷认证检查的主要内容包括:企业的管理要求、产品的环境行为要求、生产企业生产过程中的环境管理要求,以及产品质量的符合性和提交材料的真实性。而申请绿色印刷认证的相关程序为:资料准备(当年年检的营业执照、组织机构代码证、印刷经营许可证,以及环境守法文件:“三同时”验收合格文件;当年废水、废气、噪音环保监测达标报告;按照认证的产品单元提供印刷产品质量检测报告;原辅材料的证明文件;油墨等材料没有邻苯二甲酸酯类物质检验报告;纸张按克重提供纸张亮(白)度报告;油墨提供符合 HJ/T370 要求认证书;润版液无甲醇的检验报告;提供上光油、喷粉、预涂膜、胶粘剂的安全技术说明书;纸张的森林认证书;合格材料供应商名录;危险废弃物处理协议书及处理单位的相关资质文件)、内部培训、认证申请、认证合同签订以及认证机构现场认证检查、检查结果处理、获证后工作。

6.绿色印刷认证有哪几种方式?

(1)第三方认证

目前实行的是通过第三方认证机构——“中环联合(北京)认证中心有限公司”进行绿色印刷认证。认证步骤是:

①企业向认证机构申请认证,认证机构同认证企业签订认证合同,并向企业下发认证受理通知书;

②认证机构对企业的申请材料进行文件审核,向企业下发文件审核意见;

③认证机构向企业发出组成现场检查组的通知,企业按检查要求备好相关资料;

④认证机构按认证要求现场检查;

⑤检查组对现场检查情况做出综合评价报告,提交技术委员会审查。技术委员会根据相关资料提出能否通过认证的意见;

⑥认证机构对技术委员会审查意见确定是否通过认证,对不符合认证要求的,书面通知申请者,对于符合认证要求的,认证机构向申请者颁发认证证书,组织公告和宣传。

(2)第一方评定

即将推行的“自我声明”是指企业通过向监管机构提交证实性材料、证实满足了标准规范要求,承诺产品及其过程符合标准规范情况,如违背承诺,企业承担相应惩罚。通常简称为第一方评定。

合格评定是世界贸易组织《技术性贸易壁垒协议》中规定的旨在消除技术贸易壁垒影响,降低成本,便利国际贸易的技术途径。“自我声明”是合格评定的一种形式。在绿色印刷合格评定领域推进自我声明模式,围绕建立自我声明制度,重点开展以下几个方面的工作:

① 以企业为主体,坚持政府宏观指导、行业协会实施、企业自愿采用的原则,在行业内营造珍惜信誉的良好氛围;

② 建立完善绿色印刷行业自我声明规范和制度;

③ 明确形式审查与信息发布机制;

④ 完善标志使用及市场引导机制;

⑤ 建立企业年度自我检查、行业监管和社会监督制度;

⑥ 建立失信惩罚机制,惩罚失信行为。

三、实施绿色印刷对印刷企业和产品的要求

1.绿色印刷的标准是什么?

由于印刷范围较为广泛,目前并没有全部出台关于绿色印刷的所有标准,已发布实施的主要标准有:

(1)2011 年 3 月 2 日发布的《环境标志产品技术要求　印刷　第一部分:平版印刷》;

(2)2012年11月16日发的《环境标志产品技术要求 印刷 第二部分：商业票据印刷》；

(3)2014年9月28日发的《环境标志产品技术要求 印刷 第三部分：凹版印刷》。

2.绿色印刷对产品的要求是什么？

(1)对原辅材料的强制要求

① 邻苯二甲酸酯类物质的限制要求：

对油墨、上光油、橡皮布、胶黏剂等原辅材料强制要求不得添加邻苯二甲酸酯类物质。邻苯二甲酸酯类物质是一种脂溶性人工合成有机化合物，其中邻苯二甲酸二酯、邻苯二甲酸丁酯、邻苯二甲酸丁苄基酯是碳含量在8以下的低分子量邻苯二甲酸的酯类化合物，对人体健康有着不同程度的危害，并且也是全球性的环境污染物。

② 对纸张亮(白)度的要求：

纸张亮(白)度的降低可减少纸浆中的漂白剂用量和漂白次数，减少增白剂等化学品的使用，也就减少了污染物的排放，纸张过白对人体健康有不良影响。中小学教材所用纸张亮(白)度应达到GB/T 18359的要求：A等要求在78%～85%度，B等要求在72%～80%度，C等要求在70%～75%度。

③ 对平版印刷油墨的要求：

平版印刷(胶印)油墨属于印刷和印刷产品中主要环境污染源。油墨不但在印刷过程中污染环境，危害人的健康，且在印刷产品上的有机残留物还会继续污染环境，与此同时，这些有机残留物所含有的铅、汞等有害物质还会继续危害印刷品使用者的身体健康。为此《环境标志产品技术要求 印刷 第一部分：平版印刷》要求所有印刷环境标志产品的油墨必须到达 HJ/T 370 的标准要求。

④ 对上光油的要求：

上光油是一种无色的透明漆，其作用主要有两个：一是起保护作用；二是提高印品的光度亮度，摸起来手感很好。目前市场主要有三种上光油：UV 上光油、水性上光油、溶剂型上光油。其中溶剂型上光油属于危险品，在生产和使用过程中受到极大的限制，因此《环境标志产品技术要求　印刷　第一部分：平版印刷》禁止在环境标志印刷品中使用溶剂型上光油。

⑤ 对喷粉的要求：

喷粉的作用主要是防止印刷品背面粘脏，提高印刷质量和效率。其中由于植物型喷粉对接触人员没有危害，也不带来环境问题，所以在《环境标志产品技术要求　印刷　第一部分：平版印刷》中要求只能使用植物型喷粉。

⑥ 对润版液的要求：

传统的润版液为含醇类产品，目前所用的醇类一般为甲醇、乙醇等。众所周知，甲醇有较强的毒性，如果人一旦误食，将在体内不易排出，并会发生蓄积。所以在《环境标志产品技术要求　印刷　第一部分：平版印刷》中禁止在润版液中添加甲醇。

⑦对覆膜胶黏剂的要求：

覆膜胶是印刷产品在进行纸塑复合时所使用的一种胶水。目前国内主要使用两大类胶水：溶剂型胶水与水性胶水。其中溶剂性胶水主要使用的是苯类溶剂，毒性大且危害性强，因此《环境标志产品技术要求　印刷　第一部分：平版印刷》禁止在覆膜中使用溶剂型覆膜胶。

(2)对印刷产品的限制要求

①对可溶性元素的要求:

《环境标志产品技术要求　印刷　第一部分:平版印刷》根据平版印刷品的特点和涉及的产品,参考相关国家标准对印刷品中八种可溶性元素锑(Sb)、砷(As)、钡(Ba)、铅(Pb)、镉(Cd)、铬(Cr)、汞(Hg)、硒(Se)提出限制要求,为的是保护使用者的安全。

② 对挥发性物质的要求:

印刷成品的味道对人体健康的影响一直是人们关注的焦点。异味主要来源于一些具有刺激性气味的化合物。这些化合物主要来源于油墨、覆膜胶、上光油等印刷过程所使用的化学品。由于部分化合物属于有毒有害物质,如苯、乙醇、异丙醇、丙酮、乙酸乙酯、乙酸异丙酯、正丁醇、丙二醇甲醚等,因此有必要对此进行控制。《环境标志产品技术要求　印刷第一部分:平版印刷》中对挥发性物质的限值都作了具体的规定。

(3)印刷用原辅材料的环境行为评价要求

①对纸张的要求:

为了保证森林资源的有效和可持续使用,《环境标志产品技术要求　印刷　第一部分:平版印刷》鼓励印刷企业采购有可持续森林认证的纸张用于印刷,或采购再生纸浆占30%以上的纸张用于印刷。

本色纸指整个生产过程中不使用任何化学漂染剂的纸。这类纸由于不使用荧光增白剂,白度在70%~74%,可保护视力,因此教科书及学生作业本中已有较多应用。另外,本色纸张中部分产品的纸浆为非木浆,对于木材资源的保护有较大的支撑作用，而生产过程不使用漂染试剂（特别是氯气），大大降低了环境负荷。因此《环境标志产品技术要求　印刷　第一部分：平版印刷》鼓励企业使用本色纸张。

②对润版液的要求：

在平版印刷机上广泛使用的润版液有酒精润版液和非离子表面活性剂润版液。降低润版液中醇类的使用是各国环境保护工作的重要攻关课题。目前酒精润版液的替代方案已经成熟，因此标准鼓励在使用醇类添加量应小于5%的润版液基础上，提倡使用无醇润版液。

③对橡皮布的要求：

橡皮布是平版印刷中重要的原辅材料，油墨通过橡皮布由印版转印到纸张，因此所有平版印刷均需要使用橡皮布，但橡皮布在高速印刷过程中会有磨损，磨损后即需要更换。由于部分企业不太注重资源的回收利用，经常出现整块丢弃的现象。因此标准中规定大幅面印刷机换下来的橡皮布可在单色机上或小幅面印刷机上使用。

④对表面处理要求：

对于印刷品的表面处理一般分为两大类：覆膜或者上光。根据《环境标志产品技术要求　印刷　第一部分：平版印刷》，上光中支持使用对污染物排放小的紫外上光和水性上光。覆膜采用环保的水性即涂膜或预涂膜，溶剂型即涂膜已经禁止使用。

⑤ 使用专用擦布清洗橡皮布：

胶印机自动清洗橡皮布装置专用的擦布是由细密纤维和纸浆构成的一种卷筒式无纺布，其中含有清洗剂成分，清洗橡皮布时无须使用清洗剂，避免清洗剂中的 VOC（挥发性有机化合物）的排放和使用后废弃物的排放。

⑥ 使用免处理的 CTP 印版:

平版印刷免处理的 CTP 版材是指在直接制版设备上曝光成像后,不需后续处理工序,免去了版材显影、定影、清洗化学药品处理,即可上机印刷,并且不产生任何形式的液体或固体废料。杜绝了烧蚀废屑、显影、定影、清洗废液的排放。

⑦ 对热熔胶的要求:

使用聚氨酯(PUR)型热熔胶从环保的要求上有节能、减排两方面的优势,也可使用 EVA 热熔胶,但要符合 HJ/T 220 中的要求。

(4)对平版印刷产品生产过程中环保措施的要求

《环境标志产品技术要求 印刷 第一部分:平版印刷》对印前、印刷及印后加工各工序所涉及的资源节约、节能和回收再利用提出指标要求。这些指标是通过实际核算制定出的,涉及各工序的生产工艺过程和使用的原辅材料及其消耗、废弃物回收、危废处理等项目,通过这些控制指标来考核企业贯彻节能减排的情况。

3.绿色印刷标准实施的环境效益有哪些?

绿色印刷标准实施后,将对我国印刷业产生重大的影响,可以极大程度推动我国印刷业实现节能减排与发展低碳经济的目标,改善并提高我国印刷业的环境保护水平。

由于众多印刷企业沿用传统印刷工艺,在有些生产环节仍存在一些对人体有毒有害及造成空气污染的溶剂挥发、破坏水质及污染土壤的废水排放等造成的环境问题。通过绿色印刷标准的实施可以逐步强化环境管理,实现企业环境进步。

第六部分 出版物印刷行政管理

1.什么是印刷业经营者？

根据《印刷业管理条例》《印刷业经营者资格条件暂行规定》，印刷业经营者是指从事出版物、包装装潢印刷品、其他印刷品印刷经营活动的企业、单位或者个人和从事专项排版、制版、装订经营活动的企业或者单位，以及从事复印、打印经营活动的单位或者个人。

2.印刷企业的管理类别有哪些？

印刷企业的管理类别包括出版物印刷、包装装潢印刷品印刷、其他印刷品印刷和专项排版、制版、装订。

3.单位内部设立印刷厂(所)，如何办理手续？

单位内部设立印刷厂(所)，必须向所在地县级以上地方人民政府出版行政部门办理登记手续；单位内部设立的印刷厂(所)印刷涉及国家秘密的印件的，还应当向保密工作部门办理登记手续。

单位内部设立的印刷厂(所)不得从事印刷经营活动;从事印刷经营活动的,必须依照《印刷业管理条例》的规定办理手续。

4.申请设立出版物印刷企业应当具备哪些条件?

根据《印刷业管理规定》和《印刷经营者资格条件规定》的规定,申请设立出版物印刷企业应当具备以下条件:

(1)已完成工商注册登记,具有法人资格,且经营范围包括从事印刷经营活动;

(2)有适应业务需要的固定生产经营场所;

(3)有能够维持正常生产经营的资金;

(4)有必要的出版物印刷设备,具备1台以上最近10年生产的且未列入《淘汰落后生产能力、工艺和产品的目录》的自动对开胶印、柔印印刷设备,或1台生产型数字印刷设备;

(5)有适应业务需要的组织机构和人员;

(6)有健全的承印验证、登记、保管、交付、销毁等经营管理、财务管理制度和质量保证体系。

(7)有关法律、行政法规规定的其他条件。

(8)从事印刷经营活动申请,除依照前款规定外,还应当符合国家有关印刷企业总量、结构和布局的规划。

5.经营包装装潢印刷品印刷业务、其他印刷品印刷业务等的企业,需具备什么条件?

根据《印刷业管理条例》《印刷业经营者资格条件暂行规定》的规定,经营包装装潢印刷品印刷业务的企业,经营其他印刷品印刷业务的企业,从事专项排版、制版、装订业务的印刷企业、单位以及经营复印、打印业务的单位应当具备以下条件:

(1)有企业或单位的名称、章程;

(2)有确定的业务范围;

(3)有适应业务需要的固定生产经营场所,厂房建筑面积应当符合相关要求;

(4)有适应业务需要的生产设备。其中,经营包装装潢印刷品印刷业务的,应具备2台以上最近十年生产的且未列入《淘汰落后生产能力、工艺和产品的目录》的胶印、凹印、柔印、丝印等及后序加工设备;经营专项排版、制版、装订业务的,应具备2台以上最近十年生产的且未列入《淘汰落后生产能力、工艺和产品的目录》的印前或印后加工设备;经营复印、打印业务的,应具备复印机、计算机、打印机、名片印刷机等设备(不应有八开以上轻印刷设备);

(5)有适应业务范围需要的组织机构和人员。

(6)有健全的承印验证、登记、保管、交付、销毁等经营管理、财务管理制度和质量保证体系;

6.外商投资印刷企业是指什么?

根据《设立外商投资印刷企业暂行规定》的规定,外商投资印刷企业是指外国机构、公司、企业(以下简称外方投资者)按照平等互利的原则和中国公司、企业共同投资设立的中外合营(包括合资、合作)印刷企业和外方投资者投资设立的外资印刷企业。香港特别行政区、澳门特别行政区、台湾地区的投资者在大陆投资兴办印刷企业的,参照《设立外商投资印刷企业暂行规定》执行。

7.设立外商投资印刷企业,应当具备什么条件?

根据《印刷业管理条例》和《设立外商投资印刷企业暂行规

定》的规定，设立外商投资印刷企业，应当具备以下条件：

(1)申请设立外商投资印刷企业的中、外方投资者应当是能够独立承担民事责任的法人，并具有直接或间接从事印刷经营管理的经验；

(2)外方投资者应当符合下列要求之一：①能够提供国际先进的印刷经营管理模式及经验；②能够提供国际领先水平的印刷技术和设备；③能够提供较为雄厚的资金；

(3)申请设立外商投资印刷企业的形式为有限责任公司；

(4)从事出版物、其他印刷品印刷经营活动的中外合营印刷企业，合营中方投资者应当控股或占主导地位。其中，从事出版物印刷经营活动的中外合营印刷企业的董事长应当由中方担任，董事会成员中方应当多于外方；

(5)经营期限一般不超过 30 年；

8.出版行政管理部门受理设立从事印刷经营活动的企业申请审批时间为多少天？

出版行政部门受理设立从事印刷经营活动的企业申请，应当自收到申请之日起 60 日内做出批准或者不批准的决定。批准设立申请的，应当发给印刷经营许可证；不批准设立申请的，应当通知申请人并说明理由。

9.设立外商投资印刷企业，应提供哪些材料？

申请设立中外合资、中外合作或外商独资印刷企业，申报材料应提供以下材料：

(1)外商投资印刷企业申请书；

(2)项目建议书；(格式为：①各方投资者的名称、住所、经营范围和法定代表人的姓名；②申请设立外商投资印刷企业的名称、法定代表人、住所、经营范围、注册资本和投资总额；③各方投资者的出资额、出资比例、出资方式和出资额缴付期限；④经营期限。）

（3）项目可行性报告；

（4）预购设备清单（并作为验收检查依据）；

（5）拟设立印刷企业《名称预先核准通知书》；

（6）各方投资者的注册登记证明；

（7）各方投资者及拟设立企业的法定代表人任职文件及简历、身份证明，从事出版物、其他印刷品印刷经营活动的还需提供拟设立印刷企业的董事长和董事会成员的任职文件及简历、身份证明；

（8）各方投资者的资信证明（外方投资者由资金往来账户行出具，中方投资者由基本账户行出具）；

（9）中方投资者及拟设立企业的验资报告；

（10）国有资产管理部门对拟投入国有资产的评估报告确认文件；

（11）资产评估报告等有关证明文件；

（12）拟设立企业住所使用证明。

以上（1）至（4）项内容，要求各方投资者法人代表签字并加盖公章。

10.印刷企业如何办理变更主要登记事项或者终止印刷经营活动？

根据《印刷业管理条例》办理变更主要登记事项或者终止印刷经营活动应当按照如下程序：

（1）印刷业经营者申请兼营或者变更从事出版物、包装装潢印刷品和其他印刷品经营活动，或者兼并其他印刷业经营者，或者因合并、分立而设立新的印刷业经营者，均按照印刷企业设立的行政许可程序办理。

(2)印刷企业变更名称、法定代表人或者负责人、住所或者经营场所、企业类型、注册资本等主要登记事项，或者终止印刷经营活动的，按照规定，分权限在新闻出版行政部门按照程序办理。

11.印刷企业办理变更主要登记事项备案应提供哪些材料？

根据《印刷业管理条例》，办理变更企业名称、经营场所、法定代表人(负责人)、企业类型、注册资本主要登记事项备案应提供以下材料：

(1)印刷企业报批事项申请表(一式两份)；

(2)变更经营场所的，自有房屋须提供房屋产权证明复印件，租赁房屋须提供租赁合同(双方盖章)及出租房屋产权证明复印件(复印件由原发证单位盖章确认)。

12.《印刷业管理条例》对印刷经营活动的管理有何规定？

《印刷业管理条例》对印刷经营活动的管理作了如下规定：

(1)要求印刷业经营者建立、健全内部管理制度，即“承印验证制度、承印登记制度、印刷品保管制度、印刷品交付制度、印刷活动残次品销毁制度”，印刷业经营者在印刷经营活动中发现违法犯罪行为，应当及时向公安部门或者出版行政部门报告；

(2)明确印刷经营许可证不得出售、出租、出借或者以其他形式转让；

(3)要求出版物印刷企业留存出版物样本 2 年，以便于对印刷企业印刷出版物活动的事后监督。此外，还对印刷企业印刷宗教内容的印刷品、布告、通告、证件以及印刷境外文件、资料、证件、名片等印刷品提出了明确的要求。

13.根据《印刷业管理条例》的规定，禁止印刷哪些印刷品？

根据《印刷业管理条例》的规定，印刷业经营者应禁止印刷含有反动、淫秽、迷信内容和国家明令禁止印刷的其他内容的出版物、包装装潢印刷品和其他印刷品。

14.从事出版物印刷的企业，不得印刷哪些印刷品？

根据《印刷业管理条例》《印刷品承印管理规定》的规定，出版物印刷经营者不得印刷国家明令禁止出版的出版物和未经批准非出版单位出版的出版物。

15.承印验证制度的内容是什么？

（1）印刷业经营者接受委托印刷各种印刷品时，应当依照《印刷业管理条例》等法规、规章的规定，验证委印单位及委印人的证明文件，并收存相应的复印件备查。

证明文件包括印刷委托书或者委托印刷证明、准印证、出版许可证、商标注册证、注册商标图样、注册商标使用许可合同、广告经营资格证明、营业执照以及委印人的资格证明等。

（2）印刷企业接受委托印刷图书、期刊的，必须验证并收存由国务院出版行政部门统一格式，由省、自治区、直辖市人民政府出版行政部门统一印制并加盖出版社公章的“图书、期刊印刷委托书”原件。

“图书、期刊印刷委托书”必须加盖出版社所在地省、自治区、直辖市人民政府出版行政部门和印刷企业所在地省、自治区、直辖市人民政府出版行政部门的备案专用章。

（3）印刷企业接受委托印刷报纸的，必须验证由国务院出版行政部门统一制作，由省、自治区、直辖市人民政府出版行政部门核发的“报纸出版许可证”，并收存“报纸出版许可证”复印件。

印刷企业接受委托印刷报纸、期刊的增版、增刊的，还必须验证并收存国务院出版行政部门批准出版增版、增刊的文件。

(4)出版社委托出版物的排版、制版、印刷(包括重印、加印)、装订各工序不在同一印刷企业的，必须分别向各接受委托印刷企业开具“图书、期刊印刷委托书”。

(5) 印刷企业接受委托印刷内部资料性出版物的，必须验证并收存由省、自治区、直辖市人民政府出版行政部门统一印制，并由县级以上地方人民政府出版行政部门核发的“内部资料性出版物准印证”。

印刷企业接受委托印刷宗教内容的内部资料性出版物的，必须验证并收存由省、自治区、直辖市人民政府宗教事务管理部门的批准文件和出版行政部门核发的“内部资料性出版物准印证”。

(6) 印刷企业接受委托印刷境外出版物的，必须验证并收存省、自治区、直辖市人民政府出版行政部门的批准文件和有关著作权的合法证明文件；印刷的境外出版物必须全部运输出境，不得在境内发行、散发。

(7)印刷企业接受委托印刷注册商标标识的，必须验证“商标注册证”或者由商标注册人所在地县级工商行政管理部门签章的“商标注册证”复印件，并核查委托人提供的注册商标图样；接受注册商标被许可使用人委托，印刷注册商标标识的，还必须验证注册商标使用许可合同。

印刷企业接受委托印刷广告宣传品、作为产品包装装潢的印刷品的，必须验证委托印刷单位的营业执照及个人的居民身份证；接受广告经营者的委托印刷广告宣传品的，还必须验证广告经营资格证明。

(8)印刷企业接受委托印刷境外包装装潢印刷品和其他印刷品的，必须验证并收存委托方的委托印刷证明，并事先向所在地省、自治区、直辖市人民政府出版行政部门备案，经所在地省、自治区、直辖市人民政府出版行政部门加盖备案专用章后，方可承印；印刷的包装装潢印刷品和其他印刷品必须全部运输出境，不得在境内销售。

(9)公安部门指定的印刷企业接受委托印刷布告、通告、重大活动工作证、通行证、在社会上流通使用的票证的，必须验证并收存委印单位主管部门的证明。

印刷企业接受委托印刷机关、团体、部队、企业事业单位内部使用的有价票证或者无价票证，印刷有单位名称的介绍信、工作证、会员证、出入证、学位证书、学历证书或者其他学业证书、机动车驾驶证、房屋权属证书等专用证件的，必须验证委印单位的委托印刷证明及个人的居民身份证，并收存委托印刷证明和身份证复印件。

(10)印刷业经营者应当妥善留存验证的各种证明文件2年，以备出版行政部门、公安部门查验。

前款所称证明文件包括印刷委托书或者委托印刷证明原件、准印证原件、出版许可证复印件、商标注册证复印件、注册商标图样原件、注册商标使用许可合同复印件、广告经营资格证明复印件、营业执照复印件、居民身份证复印件等。

16.印刷企业接受委托印刷出版物时，必须注意什么？

印刷企业不得盗印出版物，不得销售、擅自加印或者接受第三人委托加印受委托印刷的出版物，不得将接受委托印刷的出版物纸型及印刷底片等出售、出租、出借或者以其他形式转让给其他单位或者个人。

17.承印登记制度的内容是什么?

(1)印刷业经营者应当按承印印刷品的种类在《出版物印刷登记簿》《包装装潢印刷品印刷登记簿》《其他印刷品印刷登记簿》《专项排版、制版、装订业务登记簿》《复印、打印业务登记簿》(以下统称为《印刷品登记簿》)上登记委托印刷单位及委印人的名称、住址,经手人的姓名、身份证号码和联系电话,委托印刷的印刷品的名称、数量、印件原稿(或电子文档)、底片及交货日期、收货人等。

《印刷品登记簿》一式三联,由省、自治区、直辖市人民政府出版行政部门或者其授权的地(市)级出版行政部门组织统一印制。

(2)印刷业经营者应当妥善留存《印刷品登记簿》,以备出版行政部门、公安部门查验。

18.印刷品保管制度的内容是什么?

(1) 印刷业经营者对承印印件的原稿(或电子文档)、校样、印版、底片、半成品、成品及印刷品的样本应当妥善保管,不得损毁。印刷企业应当自完成出版物的印刷之日起 2 年内,保存一份接受委托印刷的出版物样本备查。

(2) 印刷企业印刷布告、通告、重大活动工作证、通行证、在社会上流通使用的票证,印刷机关、团体、部队、企业事业单位内部使用的有价或者无价票证,印刷有单位名称的介绍信、工作证、会员证、出入证、学位证书、学历证书或者其他学业证书、机动车驾驶证、房屋权属证书等专用证件,不得擅自留存样本、样张；确因业务参考需要保留样本、样张的，应当征得委托印刷单位同意，在所保留印件上加盖“样本”或“样张”戳记，并妥善保管，不得丢失。

（3）印刷业经营者在执行印刷品保管制度时，应当明确保管责任，健全保管制度，严格保管交接手续，做到数字准确，有据可查。

19.印刷活动残次品销毁制度的内容是什么？

（1）印刷业经营者对印刷活动中产生的残次品，应当按实际数量登记造册，对不能修复并履行交付的，应当予以销毁，并登记销毁印件名称、数量、时间、责任人等。其中，属于国家秘密载体或者特种印刷品的，应当根据国家有关规定及时销毁。

（2）印刷业经营者使用电子方法排版印制或者打印国家秘密载体的，应当严格按照有关法律、法规或者规章的规定办理。

20.印刷品交付制度的内容是什么？

（1）印刷业经营者必须严格按照印刷委托书或者委托印刷证明规定的印数印刷，不得擅自加印。

印刷业经营者每完成一种印刷品的印刷业务后，应当认真清点印刷品数量，登记台账，并根据合同的规定将印刷成品、原稿（或电子文档）、底片、印版、校样等全部交付委托印刷单位或者个人，不得擅自留存。

（2）印刷业经营者应当建立印刷品承印档案，每完成一种印刷品的印刷业务后，应当将印刷合同、承印验证的各种证明文件及相应的复印件、发排单、付印单、样书、样本、样张等相关的资料一并归档留存。

21.出版物的委托印刷单位和印刷企业之间应签订什么合同?

委托印刷单位和印刷企业应当按照国家有关规定签订印刷合同。

22.出版物委托印刷必须在出版物上刊载哪些信息?

根据《印刷业管理条例》的规定,委托印刷单位必须按照国家有关规定在委托印刷的出版物上刊载出版社的名称、地址,书号、刊号或者版号,出版日期或者刊期,接受委托印刷出版物的企业的真实名称和地址,以及其他有关事项。

23.印刷企业是否需要报送统计资料?

根据《印刷业管理条例》的规定,从事印刷经营活动的单位和个人应当按照《中华人民共和国统计法》等法律、法规,向所在地出版行政部门如实报送统计资料,不得拒报、迟报、虚报、瞒报以及伪造和篡改统计资料。

“新闻出版实用知识丛书”是重庆市出版工作者协会组织重庆新闻出版业界的专家和资深从业人员共同编写的一套以介绍新闻出版业基本知识为主的实用性丛书，丛书编委会主任由重庆市出版工作者协会主席缪超群同志担任。该丛书按图书出版、报刊出版、数字出版、音像电子出版、出版物印刷、出版物发行、著作权与版权贸易七大类分册，逐一梳理和介绍新闻出版业的基本知识、基本技能和服务指南，其核心在于实用，旨在使从业人员或希望了解新闻出版业的人士一读就懂，一学就会，学以致用，学而能用。

《出版物印刷》一书是多人智慧的集成，编者们从事多年的出版物印刷生产，拥有丰富的实践经验。担任本书主编人员有：邓健、王园、刘艳，参编主要人员有：张永洋、张宏波、吴虹、钟孝钢、周英斌、李治国、张汉坤、张伟、张夏坤、戴宁、张策、赵晟、张富伟、吴扬、王超等。此外，杨恩芳、郭翔、陈兴芜、缪超群、王增恂、谢宾、米加德、刘春卉、冉光学等领导、专家在组织策划、统稿、审读书稿中，对编写体例、内容修改完善等方面提出了许多宝贵的建议。同时，本书还得到了重庆市文化委、重庆商务职业学院、重庆大学出版社、重庆新金雅迪艺术印刷有限公司、重庆新华印刷厂、西南师范大学出版社、重庆出版集团等的大力支持和帮助。在此，对以上个人和单位对于本书的关心和帮助，表示衷心的感谢。

编者

2017年8月